海绵城市建设
10 项相关标准修订条文汇编

U0300673

中国建筑工业出版社

图书在版编目（CIP）数据

海绵城市建设 10 项相关标准修订条文汇编/中国建设
科技集团股份有限公司主编. —北京：中国建筑工业出
版社，2017.8
ISBN 978-7-112-21096-1

Ⅰ.①海… Ⅱ.①中… Ⅲ.①城市建设-标准-汇编-
中国 Ⅳ.①TU984.2-65

中国版本图书馆 CIP 数据核字（2017）第 192511 号

责任编辑：石枫华 李 杰
责任校对：焦 乐 张 颖

海绵城市建设 10 项相关标准修订条文汇编

*

中国建筑工业出版社出版、发行（北京海淀三里河路 9 号）
各地新华书店、建筑书店经销
霸州市顺浩图文科技发展有限公司制版
北京建筑工业印刷厂印刷

*

开本：880×1230 毫米 1/32 印张：5⅞ 字数：166 千字
2017 年 8 月第一版 2018 年 3 月第三次印刷
定价：48.00 元
ISBN 978-7-112-21096-1
（30744）

版权所有 翻印必究
如有印装质量问题，可寄本社退换
（邮政编码 100037）

前　言

建设海绵城市，是加快生态文明建设的重要举措，是推进新型城镇化发展的重要内容，是推动城市绿色发展方式的重要抓手。住房和城乡建设部颁布和公布了一系列海绵城市规划、建设、评估、投融资方面的政策，与财政部等评选了 30 个城市开展试点，为推进海绵城市建设发挥了积极的作用。但在具体实施过程中，我国一些标准规范与海绵城市建设的理念存在不协调、不一致的问题，一些标准甚至阻碍海绵城市建设的推进。

按照国务院办公厅 75 号文件"抓紧修订完善与海绵城市建设相关的标准规范，突出海绵城市建设的关键性内容和技术性要求"的精神，以实现"尽快扫清相关技术障碍"为目标，住房和城乡建设部标准定额司、城市建设司、城乡规划司组织开展海绵城市建设相关标准修订工作，并委托中国建设科技集团承担协调工作。中国建设科技集团和北京建筑大学进行前期相关标准梳理与组织协调，住房和城乡建设部 5 个相关技术标准化委员会（规划、市政、建筑给排水、园林、道桥）具体牵头实施，各标准主编单位和参编单位执行修订工作。根据各地在标准贯彻实施过程中的反馈意见，按照标准修订的迫切程度，从与海绵城市相关的规划、建筑小区给水排水、道路桥梁、公园绿地等领域选择了现行的、当前迫切需要修订的 10 项标准进行修订。

修订工作从 2015 年 10 月启动，2016 年完成了报批，截止到 2017 年上半年，已经全部正式发布。修订思路按照"总一分一总"的策略分步推进。第一步"总"，集中启动，总体布置，统一要求；第二步"分"，各标委会、主编单位分别立项修订，分别审查，包括专业内部审查、专家组交叉审查；第三步，"总"，10 项标准总体审查，统筹协调，确保实现总体目标。

本次修订工作的主要特点：一是时间要求紧。根据海绵城市建设的迫切需求，要求尽快完成相关标准的修订，尽早破除与海绵城市建设理念和要求不协调的地方。二是多专业协调。海绵城市建设是系统工程，要求多专业协调实施，在修订时也注重专业之间的配合与相互审查。三是目标明确。本次修订目标就是扫除障碍，去破解原有标准中一些与海绵城市建设理念不一致的"障碍"。

近期，我们将修订的10本标准里与海绵城市建设相关条文内容（含部分条文说明）汇编成《海绵城市建设10项相关标准修订条文汇编》一书，以便于技术人员学习查阅，并加强对相关专业技术要点的认识和理解。本书对海绵城市建设管理、技术人员具有一定的借鉴参考意义。本书汇编整理主要由陈永、温禾、郑丹、张文慧、夏韵、王国田、鹿勤、和坤玲、李梅丹、王蔚蔚、高峰等同志负责完成。

在整个标准修订工作过程中，张辰、包琦玮、李迅、赵锂、王磐岩、李俊奇、白伟岚等技术专家积极工作，辛勤付出，为标准修订与协调工作做出了重要贡献。修订工作得到了住房和城乡建设部标准定额司田国民巡视员、吴路阳处长、陈国义调研员、城市建设司章林伟副司长、牛璋彬处长，城乡规划司汪科处长，住房和城乡建设部城镇水务管理办公室徐慧纬博士、陈玮博士给予的大力支持与悉心指导。孙英、李宏、李俊奇、鹿勤、吕士健、和坤玲、李梅丹、陈永、温禾等积极参与了修订工作的组织协调。在此，我们向以上专家、领导和同志表示衷心的感谢！

目　　录

1 城乡建设用地竖向规划规范 CJJ 83

本规范主编单位：四川省城乡规划设计研究院

本规范参编单位：沈阳市规划设计研究院

　　　　　　　　福建省城乡规划设计研究院

　　　　　　　　广州市城市规划勘测设计研究院

本规范主要起草人员：盈　勇　郑　远　杨玉奎　白　敏

　　　　　　　　　　檀　星　李　毅　韩　华　刘　丰

　　　　　　　　　　刘明宇　蔡新沧　徐靖文　陈　平

　　　　　　　　　　钟　辉　陈子金　曹珠朵　刘　威

　　　　　　　　　　赵　英　林三忠

本规范主要审查人员：高冰松　彭瑶玲　陈振寿　路雁冰

　　　　　　　　　　张　全　郑连勇　戴慎志　史怀昱

　　　　　　　　　　翁金标

1.1 修订说明

　　根据住房和城乡建设部《关于印发〈2009 年工程建设标准规范制订、修订计划〉的通知》（建标［2009］88 号）的要求，规范编制组经广泛调查研究，认真总结实践经验，参考有关国际标准和国外先进标准，并且广泛征求意见的基础上，修订了本规范。

　　本规范修订的主要技术内容是：1. 名称修改为《城乡建设用地竖向规划规范》；2. 适用范围由城市用地扩展到城乡建设用地；3. 将"4 规划地面形式"和"5 竖向与平面布局"合并为"4 竖向与用地布局及建筑布置"；4. 将"6 竖向与城市景观"调为"9 竖向与城乡环境景观"；5. 新增"7 竖向与防灾"；6. 与其他相关标准协调对相关条文进行了补充修改；7. 进一步明确了强制性条文。

1.2 主要修订条款（局部修订）

1 总 则

【原条文】

1.0.2 本规范适用于各类城市的用地竖向规划。

【修改条文】

1.0.2 本规范适用于城市、镇、乡和村庄的规划建设用地竖向规划。

【条文说明】

1.0.2 本规范以《中华人民共和国城乡规划法》为依据，适用范围为国家行政建制设立的城市、镇、乡和村庄，并覆盖城市、镇的总体规划（含分区规划）和详细规划（含控制性详细规划和修建性详细规划）以及乡、村的总体规划和建设规划；规范适应的重点主体是在城乡"规划建设用地"范围内。

修建性详细规划或竖向专项规划应包括竖向规划的全部内容。

本规范的着重点放在"城乡建设用地"与"竖向规划"两个内涵上。

【原条文】

1.0.3 城市用地竖向规划应遵循下列原则：

  1 安全、适用、经济、美观；

  2 充分发挥土地潜力，节约用地；

  3 合理利用地形、地质条件，满足城市各项建设用地的使用要求；

  4 减少土石方及防护工程量；

  5 保护城市生态环境，增强城市景观效果。

【修改条文】

1.0.3 城乡建设用地竖向规划应遵循下列原则：

  1 安全、适用、经济、美观；

2 充分发挥土地潜力，节约集约用地；

3 尊重原始地形地貌，合理利用地形、地质条件，满足城乡各项建设用地的使用要求；

4 减少土石方及防护工程量；

5 保护城乡生态环境、丰富城乡环境景观；

6 保护历史文化遗产和特色风貌。

【条文说明】

1.0.3 整理用地竖向的目的是为了使规划建设用地能更有效、更好地满足城乡各项建设用地的地面使用要求，但应充分尊重原始地形地貌，发挥山水林田湖等原始地形地貌对降雨的积存作用。

在建设用地整理过程中，以较优的竖向方案来最大限度地减少竖向工程量（包括合理运距、土石方和防护工程量），是节约建设资金的重要手段与方法。

保护城乡生态环境、丰富城乡环境景观、保护历史文化遗产和特色风貌也是城乡建设用地竖向规划工作中的基本出发点。

【原条文】

1.0.4 城市用地竖向规划根据城市规划各阶段的要求，应包括下列主要内容：

1 制定利用与改造地形的方案；

2 确定城市用地坡度、控制点高程、规划地面形式及场地高程；

3 合理组织城市用地的土石方工程和防护工程；

4 提出有利于保护和改善城市环境景观的规划要求。

【修改条文】

1.0.4 城乡建设用地竖向规划应包括下列主要内容：

1 制定利用与改造地形的合理方案；

2 确定城乡建设用地规划地面形式、控制高程及坡度；

3 结合原始地形地貌和自然水系，合理规划排水分区、组织城乡建设用地的排水、土石方工程和防护工程；

4 提出有利于保护和改善城乡生态、低影响开发和环境景观的竖向规划要求；

　　5　提出城乡建设用地防灾和应急保障的竖向规划要求。

【条文说明】

1.0.4　根据《城市规划编制办法》、《村镇规划编制办法》的要求和实践经验，城乡建设用地竖向规划主要从高程上解决五个方面的问题：

　　1　尊重自然地形，合理利用自然地形与河流水系；对规划建设用地加以适度的利用与整治，使之适合城乡建设的需要。

　　2　通过优化调整用地竖向方案，确定合理的规划地面形式和控制高程（包括控制点高程、台地的规划地面高程、桥面高程以及通航桥梁的底部高程等），合理组织交通与场地竖向的衔接关系，给出适宜的场地规划高程与坡度。

　　3　划分原始地形地貌和规划后排水分区，结合竖向设计，明确地表径流的主要排放通道，解决好城乡建设用地排水、防涝、防地质灾害等问题，确保建设用地安全。

　　4　因地制宜，为美化和丰富城乡生态和环境景观创造必要的条件。

　　5　满足城乡建设用地综合防灾、应急救援与保障的需要，保护人们的生命及财产安全权；确保用地安全。

　　城乡建设用地竖向规划的工作内容、深度及其具体做法，由城乡规划各个规划阶段所能提供的资料（如地形图比例大小、现状基础资料等）以及需要解决的问题所决定。

3　基 本 规 定

【原条文】

3.0.1　城市用地竖向规划应与城市用地选择及用地布局同时进行，使各项建设在平面上统一和谐、竖向上相互协调。

【修改条文】

3.0.1　城乡建设用地竖向规划应与城乡建设用地选择及用地布局同时进行，使各项建设在平面上统一和谐、竖向上相互协调；有利于城乡生态环境保护及景观塑造；有利于保护历史文化遗产和特色风貌。

【原条文】

3.0.3 城市用地竖向规划应满足下列要求：

    1 各项工程建设场地及工程管线敷设的高程要求；

    2 城市道路、交通运输、广场的技术要求；

    3 用地地面排水及城市防洪、排涝的要求。

【修改条文】

3.0.2 城乡建设用地竖向规划应符合下列规定：

    1 低影响开发的要求；

    2 城乡道路、交通运输的技术要求和利用道路路面纵坡排除超标雨水的要求；

    5 城市排水防涝、防洪以及安全保护、水土保持的要求；

    7 周边地区的竖向衔接要求。

【条文说明】

3.0.2 本条主要针对控制性详细规划阶段竖向规划需要与之协调的内容作出要求。

    1 存在洪涝灾害威胁的城乡建设用地，竖向规划应使城乡建设用地不被淹没和侵害，确保用地安全。低影响开发是近年开始强调的生态建设理念：强调通过源头分散的小型控制设施，维持和保护场地自然水文功能、有效缓解不透水面积增加造成的洪峰流量增加、径流系数增大、面源污染负荷加重的城市雨水管理理念。因此，竖向规划在排水防涝、城市防洪的同时还要考虑满足雨水滞、蓄、渗、用要求的竖向措施。

    2 有利生产、方便生活是城乡规划的基本原则，城乡的主要活动都是围绕车辆和人行交通进行的。与交通设施的高程相衔接，是竖向规划的关键工作之一，同时应结合低影响开发，合理利用道路路面纵坡排除超标雨水。

    5 城乡建设用地竖向规划应符合现行国家标准《开发建设项目水土保持技术规范》GB 50433 的规定，满足水土保持的要求。

    7 规划区周边地区的竖向是该规划区竖向规划的主要依据之

一，所以应与其相衔接。

4 竖向与用地布局及建筑布置

【原条文】

5.0.1 城市用地选择及用地布局应充分考虑竖向规划的要求，并应符合下列规定：

　　1 城市中心区用地应选择地质及防洪排涝条件较好且相对平坦和完整的用地，自然坡度宜小于 15%；

　　2 居住用地宜选择向阳、通风条件好的用地，自然坡度宜小于 30%；

　　3 工业、仓储用地宜选择便于交通组织和生产工艺流程组织的用地，自然坡度宜小于 15%；

　　4 城市开敞空间用地宜利用填方较大的区域。

【修改条文】

4.0.1 城乡建设用地选择及用地布局应充分考虑竖向规划的要求，并应符合下列规定：

　　1 城镇中心区用地应选择地质、排水防涝及防洪条件较好且相对平坦和完整的用地，其自然坡度宜小于 20%，规划坡度宜小于 15%；

　　2 居住用地宜选择向阳、通风条件好的用地，其自然坡度宜小于 25%，规划坡度宜小于 25%；

　　3 工业、物流用地宜选择便于交通组织和生产工艺流程组织的用地，其自然坡度宜小于 15%，规划坡度宜小于 10%；

　　4 超过 8m 的高填方区宜优先用作绿地、广场、运动场等开敞空间；

　　5 应结合低影响开发的要求进行绿地、低洼地、滨河水系周边空间的生态保护、修复和竖向利用；

　　6 乡村建设用地宜结合地形，因地制宜，在场地安全的前提下，可选择自然坡度大于 25% 的用地。

【条文说明】

4.0.1

　　城乡建设用地选择及用地布局应充分考虑对绿地、低洼地区

（包括低地、湿地、坑塘、下凹式绿地等）、滨河水系周边空间的生态保护、修复和竖向利用。

5 竖向与道路、广场

【原条文】

7.0.1 道路竖向规划应符合下列规定：

1 与道路的平面规划同时进行；

2 结合城市用地中的控制高程、沿线地形地物、地下管线、地质和水文条件等作综合考虑；

3 与道路两侧用地的竖向规划相结合，并满足塑造城市街景的要求；

4 步行系统应考虑无障碍交通的要求。

【修改条文】

5.0.1 道路竖向规划应符合下列规定：

1 与道路两侧建设用地的竖向规划相结合，有利于道路两侧建设用地的排水及出入口交通联系，并满足保护自然地貌及塑造城市景观的要求；

2 与道路的平面规划进行协调；

4 道路跨越江河、湖泊或明渠时，道路竖向规划应满足通航、防洪净高要求；道路与道路、轨道及其他设施立体交叉时，应满足相关净高要求；

【条文说明】

5.0.1 道路竖向规划是城乡建设用地竖向规划的重要内容之一。无论在规划设计过程或建设过程中，道路的竖向都是确定其他用地竖向规划的最重要的控制依据之一，也是规划管理的重要控制依据之一，基于道路竖向规划在整个城乡建设用地竖向规划中的地位和作用，道路竖向规划所遵循的原则，既包含自身的技术要求，又强调与其他用地在竖向上的协调。

1 道路服务于城乡各项建设用地，只有与两侧建设用地竖向规划的结合才能满足用地的交通和排水需要。同时，道路竖向高程的合理确定，对相邻用地及道路本身挖填方起着决定性作用，减少挖填方对保护自然地貌有着重要作用。另外，道路往往具有景观视线通廊和景观轴线的作用，道路竖向高程控制得当可以提升观景效果的作用。因此道路竖向应有利于塑造城乡景观。

2 道路的竖向规划与平面规划紧密相连、相互影响，平面线形变化往往带来竖向高程的变化，规划中通常通过调整平面规划来解决竖向中的矛盾关系。因此竖向规划与平面规划相互反馈、交叉进行，是优化方案的必由之路，在山区城镇和乡村（庄）道路规划中这种结合更为重要。

4 道路跨越江河、湖泊和明渠的净空要求考虑的因素有：是否通航、设计洪水位、壅水、浪高或最高流冰面、流放物体（如竹、木筏）高度等。对于通航河道，桥下净空应符合现行国家标准《内河通航标准》GB 50139 的规定。道路与道路、轨道交通进行立体交叉时，最小净高应满足国家现行标准《城市道路工程设计规范》CJJ 37、《标准轨距铁路建筑限界》GB 146.2 或其他轨道交通要求。道路与其他设施立体交叉时，也应满足相关净高要求。

【原条文】

7.0.2 道路规划纵坡和横坡的确定，应符合下列规定：

1 机动车车行道规划纵坡应符合表 7.0.2-1 的规定；海拔 3000m～4000m 的高原城市道路的最大纵坡不得大于 6%；

机动车车行道规划纵坡　　　　　　　　　表 7.0.2-1

道路类别	最小纵坡（%）	最大纵坡（%）	最小坡长（m）
快速路		4	290
主干路		5	170
次干路	0.2	6	110
支（街坊）路		8	60

【修改条文】

5.0.2 道路规划纵坡和横坡的确定，应符合下列规定：

1 城镇道路机动车车行道规划纵坡应符合表 5.0.2-1 的规定；山区城镇道路和其他特殊性质道路，经技术经济论证，最大纵坡可适当增加；积雪或冰冻地区快速路最大纵坡不应超过 3.5%，其他等级道路最大纵坡不应大于 6.0%。内涝高风险区域，应考虑排除超标雨水的需求。

表 5.0.2-1 城镇道路机动车车行道规划纵坡

道路类别	设计速度(km/h)	最小纵坡(%)	最大纵坡(%)
快速路	60～100		4～6
主干路	40～60		6～7
次干路	30～50	0.3	6～8
支(街坊)路	20～40		7～8

【条文说明】

5.0.2 本条为道路竖向规划的主要技术标准。

1 根据本次修订的调研反馈情况，各地规划设计部门均认为原规范部分内容与《城市道路工程设计规范》CJJ 37—2012 有冲突，诸如道路最小纵坡值、最大纵坡值、坡长等，同时认为最大纵坡值的控制在山区无法实现。由于我国山地、丘陵城镇众多，实际规划或建设的道路纵坡有些已达 15%，在调研和回函的意见中普遍提到应提高道路的规划最大纵坡。

按照国家现行标准《城市道路交通规划设计规范》GB 50220、《镇规划标准》GB 50188 和《城市道路工程设计规范》CJJ 37，镇的道路与小城市道路等级对应，所以《城市道路工程设计规范》CJJ 37 适用于镇。为与《城市道路工程设计规范》CJJ 37-2012 相协调，最小纵坡调整为 0.3%。同时为方便道路竖向规划，按照《城市道路工程设计规范》CJJ 37-2012 中有关纵坡的相关规定，按道路等级进行了概括，当各级道路设计速度明确时，应按《城市道路工程设计规范》CJJ 37-2012 确定规划道路纵坡及坡长。对于山区城镇道路或其他特殊性质道路，确实无法满足规范要求的，经相关技术经济论证，可根据当地实际情况适当提高最大纵坡值。

同时道路的纵坡应考虑排除超标雨水的要求进行水力计算确定，并应坡向受纳水体。对于排涝压力大的城镇区域，当道路具备作为行泄通道的条件时，宜考虑将道路作为临时行洪通道，道路排水的路边径流深度不应大于 0.2m，径流深度与流速乘积应小于 0.5m^2/s。

道路的下凹处应考虑设置排除超标雨水的行泄通道。特别是实际工程中立交下凹桥区易成为城市积滞水点，排水形式宜采用调蓄与强排相结合的方式，雨水口设置应满足下凹桥区雨水重现期标准，数量宜考虑 1.2～2.0 的安全系数，当条件许可时宜取上限。雨水调蓄设施的设计宜结合立交雨水泵站集水池建设，有效容积按立体交叉道路汇水区域内 7mm～15mm 降雨量确定；排水重现期应满足立交标准并提高 3 年以上；雨水调蓄设施排空时间不应超过 12h。

2　村庄道路纵坡规划依据现行国家标准《村庄整治技术规范》GB 50445。考虑我国山区村庄众多及各地规划设计部门反馈意见，山区村庄道路纵坡在确保安全前提下可以适当放宽处理。

3　路拱坡度的确定应以有利于路面排水和保障行车安全平稳为原则。道路横坡应根据路面宽度、路面类型、纵坡及气候条件确定，道路纵坡大时横坡取小值，纵坡小时取大值；严寒地区路拱设计坡度宜采用小值。在确定或验核道路两侧用地的竖向控制高程时一般是从道路中心线高程推算至红线高程，此时需要考虑道路横坡影响。

6　竖向与排水

【原条文】

8.0.1　城市用地应结合地形、地质、水文条件及年均降雨量等因素合理选择地面排水方式，并与用地防洪、排涝规划相协调。

【修改条文】

6.0.1　城乡建设用地竖向规划应结合地形、地质、水文条件及降水量等因素，并与排水防涝、城市防洪规划及水系规划相协调；依据风险评估的结论选择合理的场地排水方式及排水方向，重视与低影响开发设施和超标径流雨水排放设施相结合，并与竖向总体方案相适应。

【条文说明】

6.0.1　对各类城乡建设用地而言，如何合理有效地组织建设用地的场地排水，当建设用地有可能受到洪水灾害威胁时，是采用

"防"还是采用"排"，是选择筑堤还是选择回填建设用地方案。这些问题的慎重选择与妥善解决，都需要对建设用地所处场地的自然地形、地质、水文条件和所在地区的降水量（不同频率、不同城市设防标准所对应的降水量）等因素作综合分析，兼顾现状与规划、近期与远期、局部与整体的协调关系；在有可能受到内涝灾害威胁时，场地内应综合运用渗、滞、蓄、净、用、排等多种措施进行不同方案的技术经济比较后，合理地确定城乡建设用地的场地排水方式，并协调城乡建设用地区域的防洪、防涝规划方案。

严格保护和科学梳理自然排水水系是组织场地排水的最基础工作，系统地统筹、保留、适度整治或改造自然河流及湖塘沟渠作为受纳水体是先决条件；然后才可能有条件地、合理地选择场地排水方式，组织场地内的排水系统；进行不同方案的技术经济比较后，再优化确定城乡建设用地的系统性排水与雨水利用方案。

低影响开发是近几年借鉴发达国家雨水管理与利用经验提出的新的理念，低影响开发雨水系统是城市内涝防治综合体系的重要组成部分；为落实低影响开发的理念，建设自然积存、自然渗透、自然净化的海绵城市，住房和城乡建设部于 2014 年 10 月 22 日颁布了《海绵城市建设技术指南——低影响开发雨水系统构建（试行）》，并组织开展了海绵城市建设试点示范工作；竖向规划是直接关系到低影响开发的一个重要因素，因此竖向规划要重视与低影响开发模式的紧密结合。主要是与组织安排透水铺装、设置下凹式绿地、留辟生物滞留场地与设施、蓄水池、雨水罐、规划利用湖库、湿塘、湿地等进行系统的规划布局和竖向上的有机衔接。

【原条文】

8.0.2 城市用地地面排水应符合下列规定：

1 地面排水坡度不宜小于 0.2%；坡度小于 0.2% 时宜采用多坡向或特殊措施排水；

2 地块的规划高程应比周边道路的最低路段高程高出 0.2m 以上；

3 用地的规划高程应高于多年平均地下水位。

【修改条文】

6.0.2 城乡建设用地竖向规划应符合下列规定：

    1 满足地面排水的规划要求；地面自然排水坡度不宜小于0.3％；小于0.3％时应采用多坡向或特殊措施排水；

    2 除用于雨水调蓄的下凹式绿地和滞水区等之外，建设用地的规划高程宜比周边道路的最低路段的地面高程或地面雨水收集点高出0.2m以上，小于0.2m时应有排水安全保障措施或雨水滞蓄利用方案。

【条文说明】

6.0.2 本规范从建设用地竖向规划上怎样保证并协调与排水的关系方面作出了以下规定：

    1 竖向规划先要满足地面雨水的排放要求；现行的各专业规范都明确规定最小地面排水坡度为0.3％，因此，本规范也将建设用地的最小自然排水坡度调整为0.3％，以便相互之间协调一致。

    但在平原地区要确保所有建设用地的场地都能达到0.3％的地面自然排水坡度确有困难，尤其是原始地面坡度小于0.1％的特别平坦且又无土可取的地方，最小地面排水坡度很难做到0.3％；经调研和目前的建设及实施反馈情况表明：许多码头、大型货场、城市广场的规划地面坡度几乎接近零坡度。但当规划建用地的地面自然排水坡度小于0.3％时，应采用多坡向或特殊措施组织用地的地面排水，也可以设置下凹式绿地或雨水滞蓄设施收集、储存雨水。硬化面积超过10000m² 的建设项目可按有效调蓄容积 V（m³）$\geqslant 0.025 \times$ 硬化面积（m²）配建雨水调蓄设施，地块内雨水须经过该调蓄设施后方可进入城市排水系统。

    工业、仓储用地的排水坡度等应根据相关规范确定，如《石油化工厂区竖向布置设计规范》SH/T 3013—2000。

    依据国家现行标准《城市居住区规划设计规范》GB 50180 和《公园设计规范》CJJ 48，几种常见的生活性场地地面排水坡度见表3。

表3　各种场地的地面排水坡度（%）

场地名称	最小坡度	最大坡度
停车场	0.3	3.0
运动场	0.3	0.5
儿童游戏场地	0.3	2.5
栽植绿地	0.5	依地质
草地	1.0	33

注：停车场停车方向地面坡度宜小于0.5%。

2　为了有利于组织建设用地重力流往周边道路下的雨水管渠排除地面雨水，建设用地的高程最好多区段高于周边道路的设计高程；但在山冲或沟谷的地形条件下，规划道路高程往往普遍高于建设用地的规划地面高程，最好应保证建设用地高程至少比周边道路的某一处最低路段的地面高程或雨水收集点高出0.2m，防止建设用地成为积水"洼地"。当小于0.2m时，如果内涝风险评估为高风险区时，要采取防涝措施保证用地的使用安全。

0.2m系指路缘石高度（0.10m～0.15m）加上人行道横坡的降坡高度（0.05m～0.10m）的最低值。

下沉式广场如今在各地城乡（尤其是城市中）普遍推广，其主要用地的地面肯定低于周边道路的规划设计高程；因此，在无法组织下沉式广场重力流排水的时候，应采取适当的抽排措施与之配套。

凡用于雨水调蓄的下凹式绿地或滞水区（包括洪涝应急滞洪区）等，其规划高程或地面控制高程可不受本款的限制，与路面、广场等硬化地面相连接的下凹式绿地，宜低于硬化地面100mm～200mm，当有排水要求时，绿地内宜设置雨水口，其顶面标高应高于绿地50mm～100mm。

结合海绵城市理念，落实各建设用地年径流总量控制目标，从源头减排；各地块的年径流总量控制目标，需依据各地的海绵城市建设要求执行。

【新增条文】

6.0.3　当建设用地采用地下管网有组织排水时，场地高程应有利于组织重力流排水。

【条文说明】

6.0.3 当采用地下管网有组织排水时，场地高程应有利于组织重力流排水，尽量避免出现泵站强排。雨水排出口内顶高于多年平均常水位才能保证雨水排放系统正常情况下排水顺畅。有时为了沿江（河）景观的需要，可将排出口做成淹没式，但必须保证排水管网的尾段设计水位高程要高于常水位。

【原条文】

8.0.6 当城市用地外围有较大汇水汇入或穿越城市用地时，宜用边沟或排（截）洪沟组织用地外围的地面雨水排除。

【修改条文】

6.0.4 当城乡建设用地外围有较大汇水汇入或穿越时，宜用截、滞、蓄等相关设施组织用地外围的地面汇水。

【条文说明】

6.0.4 在用地复杂的地区，城乡建设用地区域的外围可能还有较大的外来汇水需汇入或穿越城乡建设用地区域之后才能自然顺畅地排出去，因此，在做用地竖向规划时若不妥善组织，任由外围的雨水进入城乡建设用地区域内的雨水排放系统，则将大大增加城乡建设用地区域内的管网投资，甚至影响整个雨水排放系统的安全和正常使用。此时宜在城乡建设用地区域的外围设置截、滞、蓄等相关设施；当外围汇水必须穿越城乡建设用地才能排出去时，则应在城乡建设用地内设置排（导）洪沟。

【新增条文】

6.0.5 乡村建设用地排水宜结合建筑散水、道路生态边沟、自然水系等自然排水设施组织场地内的雨水排放。

【条文说明】

6.0.5 村庄因其建设规模不大，为节省投资、方便组织地面雨水排向周边自然沟渠，因此其用地竖向规划宜结合建筑散水与道路生态边沟等自然排水设施建设用地的场地雨水排入村庄周边的自然水系；使用排水暗管（渠）反而不易与周边自然沟渠取得高程上的有利衔接；同时，为保证村庄的用地安全，可在场地外侧设置排水沟，截留并引导外围来水从建设场地外排出。在缺水地区可考虑雨水的回收利用方案，在进行用地竖向规划时注意利用地下水窖、洼地、池塘、湖库等蓄留一部分雨水，以利于雨水的资源化利用。城镇有条件的地区也应采用类似的生态集水、排水组织方式。

7 竖向与防灾

【新增条文】

7.0.3 有内涝威胁的城乡建设用地应结合风险评估采取适宜的排水防涝措施。

【条文说明】

7.0.3 有内涝威胁的城乡建设用地应进行内涝风险评估，综合运用蓄、滞、渗、净、用、排等多种措施进行不同方案的技术经济比较后，确定场地适宜的排水防涝措施，结合排水防涝方案和应对措施来确定相应的用地竖向规划方案。

【新增条文】

7.0.4 城乡建设用地竖向规划应控制和避免次生地质灾害的发生；减少对原地形地貌、地表植被、水系的扰动和损毁；严禁在地质灾害高、中易发区进行深挖高填。

【条文说明】

7.0.4 在城乡建设用地越来越紧张的大背景下，可供选择使用的城乡建设用地其条件越来越复杂，安全又适宜的建设用地越来越少，不可避免会选择一些有可能受地质灾害影响或存在地质灾害隐患的用地作为建设用地。

    1 在建设用地的选址过程中应依据地灾评估资料和结论，充分考虑潜在的自然地质灾害影响的可能，尽量避让危险地带和可能受到影响的区段。用地选择应执行《城乡用地评定标准》CJJ 132、《城市规划工程地质勘察规范》CJJ 57 和综合防灾的相关规定。

如果现状建成区或规划的建设用地无法避让自然地质灾害影响区及威胁地带，则应对威胁现状建成区的地质灾害通过论证比较后，采取针对性的工程治理或消除措施；对威胁或可能影响规划建设用地的自然地质灾害采取"先治理、后建设"的工程治理或消除措施，消除安全隐患，确保用地安全。严禁在地质灾害高易发区和中易发区内采取深挖高填的用地整理方式。

2 在做用地竖向规划（尤其是场地大平台）时，应尽量减少深挖高填，保护性地进行竖向规划控制，避免对原有地形地貌做较大的改动，降低对原有地质稳定性的影响，防止次生地质灾害的发生。

减少对原地貌、地表植被、水系的扰动和损毁，保护自然景观要素；防止场地整理引起水土流失，参照执行现行国家标准《开发建设项目水土保持技术规范》GB 50433。

9 竖向与城乡环境景观

【原条文】

6.0.1 城市用地竖向规划应有明确的景观规划设想，并应符合下列规定：

1 保留城市规划用地范围内的制高点、俯瞰点和有明显特征的地形、地物；

2 保持和维护城市绿化、生态系统的完整性，保护有价值的自然风景和有历史文化意义的地点、区段和设施；

3 保护和强化城市有特色的、自然和规划的边界线；

4 构筑美好的城市天际轮廓线。

【修改条文】

9.0.1 城乡建设用地竖向规划应贯穿景观规划设计理念，并符合下列规定：

1 保留城乡建设用地范围内具有景观价值或标志性的制高点、俯瞰点和有明显特征的地形、地貌；

2 结合低影响开发理念，保持和维护城镇生态、绿地系统的完整性，保护有自然景观或人文景观价值的区域、地段、地点和建（构）筑物；

    3 保护城乡重要的自然景观边界线，塑造城乡建设用地内部的景观边界线。

【条文说明】

9.0.1 城乡环境景观特色与竖向的关系在城乡建设用地选择和进行总体规划布局时就应该有比较完整的构思方案；竖向规划本身就是实现这些方案设想的重要手段。

    1、2 原有地形特征、标志性地物、风景点、历史遗迹及文物保留下来，使住民有土生土长、根植于斯的认同感。城乡绿地系统一般都是与城乡的自然山系、水系和文物古迹相结合的完整体系，它既能保存、延续城乡历史文脉，更具保护自然生态环境、形成和调节小气候的作用。

    3 城乡景观特色的塑造，最主要应源于对城乡自然环境要素（如地形、土壤、植被、水文等）的创造性利用。而城镇内部或周边重要自然景观边界线或人文等景观边界线特色是城乡无可取代的标志性景观。如美国芝加哥密歇根湖滨、上海的外滩、珠海及青岛的海滨大道等。人文景观边界线往往是对自然景观边界线进行长期的塑造经营而形成的。

【新增条文】

9.0.3 滨水地区的竖向规划应结合用地功能保护滨水区生态环境，形成优美的滨水景观。

【条文说明】

9.0.3 水体对城乡生态环境和景观的作用是十分重要的，但城乡滨水空间的利用往往受制于防治水害及建设道路的需要，高高的防护堤和宽阔的滨水交通干道往往使水面可望而不可及，生态岸线和滨水活动空间极少，既未充分发挥水体对城乡生态环境改善的作用，更不可能满足人们的亲水、近水要求。

    在调研过程中，许多规划工作者要求作一些更具体的规定，但在分析各地情况后，编制组认为滨水空间的建设不便作统一的硬性规定，只能因地制宜、创造性地利用自然条件，在满足用地功能要求的同时，尽量保护滨水区生态，创造更美好的环境景观。

2 城市居住区规划设计规范 GB 50180

本 规 范 主 编 单 位：中国城市规划设计研究院

本 规 范 参 编 单 位：中国建筑技术研究院

北京市城市规划设计研究院

本规范主要起草人员：鹿　勤　付冬楠　谢映霞　朱子瑜

刘燕辉　张　播　谢　颖

本规范主要审查人员：张　辰　包琦玮　赵　锂　白伟岚

李俊奇　任心欣

2.1　修订说明

根据住房和城乡建设部《关于请组织开展城市排水相关标准制修订工作的函》（建标标函 2013［46］号）文件要求，由中国城市规划设计研究院会同有关单位对《城市居住区规划设计规范》GB 50180—93 进行局部修订而成。

此次局部修订，共涉及 8 个条文的修改，分别为第 1.0.5 条、2.0.32 条、4.0.1 条、8.0.1 条、8.0.6 条、9.0.2 条、9.0.4 条和 11.0.1 条。新增补了 3 个条文，分别为第 7.0.6 条、7.0.7 条和 8.0.7 条。

本次修订与海绵城市建设相关的主要技术内容是：增补符合低影响开发的建设要求，对地下空间使用、绿地与绿化设计、道路设计、竖向设计等内容进行了调整和补充；进一步完善道路规划和停车场库配置要求。增补城市居住区规划设计中，涉及对城市排水防涝有利的做法、设施等技术措施，主要将涉及现行规范的第 1 章 "总则"、第 7 章 "绿地与绿化"、第 8 章 "道路" 和第 9 章 "竖向"。

2.2 主要修订条款（局部修订）

1 总 则

【原条文】

1.0.5 居住区的规划设计，应遵循下列基本原则：

1.0.5.3 综合考虑所在城市的性质、社会经济、气候、民族、习俗和传统风貌等地方特点和规划用地周围的环境条件，充分利用规划用地内有保留价值的河湖水域、地形地物、植被、道路、建筑物与构筑物等，并将其纳入规划；

【修改条文】

1.0.5 居住区的规划设计，应遵循下列基本原则：

1.0.5.3 <u>符合所在地经济社会发展水平，民族习俗和传统风貌，气候特点与环境条件；</u>

1.0.5.3a <u>符合低影响开发的建设要求，充分利用河湖水域，促进雨水的自然积存、自然渗透、自然净化；</u>

【条文说明】

1.0.5 本条是编制居住区规划设计必须遵循的基本原则：

<u>八、为提升城市在适应环境变化和应对自然灾害等方面具有良好的"弹性"，提升城市生态系统功能和减少城市洪涝灾害的发生，居住区规划应充分结合现状地形地貌进行场地设计与建筑布局，保护并合理利用场地内原有的湿地、坑塘、沟渠，更多地利用自然力量排水；同时控制面源污染，采用渗、滞、蓄、净、用、排等措施，落实自然存积、自然渗透、自然净化的海绵城市的建设要求。</u>

2 术语、代号

【原条文】

2.0.32 绿地率

居住区用地范围内各类绿地面积的总和占居住区用地面积的比率（％）。

绿地应包括：公共绿地、宅旁绿地、公共服务设施所属绿地和道路绿地（即道路红线内的绿地），其中包括满足当地植树绿化覆土要求、方便居民出入的地下或半地下建筑的屋顶绿地，不应包括其他屋顶、晒台的人工绿地。

【修改条文】

2.0.32 绿地率

居住区用地范围内各类绿地面积的总和占居住区用地面积的比率（％）。

居住区内绿地应包括：公共绿地、宅旁绿地、公共服务设施所属绿地和道路绿地（即道路红线内的绿地），其中包括满足当地植树绿化覆土要求、方便居民出入的地下或半地下建筑的屋顶绿地，不应包括其他屋顶、晒台的人工绿地。

4 规划布局与空间环境

【原条文】

4.0.1 居住区的规划布局，应综合考虑周边环境、路网结构、公建与住宅布局、群体组合、绿地系统及空间环境等的内在联系，构成一个完善的、相对独立的有机整体，并应遵循下列原则：

【修改条文】

4.0.1 居住区的规划布局，应综合考虑周边环境、路网结构、公建与住宅布局、群体组合、地下空间、绿地系统及空间环境等的内在联系，构成一个完善的、相对独立的有机整体，并应遵循下列原则：

4.0.1.4 适度开发利用地下空间，合理控制建设用地的不透水面积，留足雨水自然渗透、净化所需的生态空间。

【条文说明】

4.0.1 居住区规划布局的目的，是要求将规划构思及规划因子：住宅、公建、道路和绿地等，通过不同的规划手法和处理方式，将其全面、系统地组织、安排、落实到规划范围内的恰当位置，使居住区成为有机整体，为居民创造良好的居住生活环境。因而，规划布局的优劣，直接反映规划水平的高低。要提高规划布局水平，就应根据条文中的原则，综合考虑各种因素。除充分利用、合理有效地使用土地和处理好四项用地之间的布局关系外，还应处理好建筑、道路、绿地和空间环境等各方面相互间的关系，以适应居民物质与文化、生理和心理、动和静的要求以及体现地方特色。同时要重视地下空间的开发利用，这是节约集约利用土地的有效方法，但应统一规划、适度开发，为雨水的自然渗透与地下水的补给、减少径流外排留足相应的透水空间。

7 绿地与绿化

【新增条文】

7.0.6 居住区的绿地应结合场地雨水规划进行设计，可根据需要因地制宜地采用兼有调蓄、净化、转输功能的绿化方式。

【条文说明】

7.0.6 城市居住区的绿化用地应结合海绵城市建设的"渗、滞、蓄、净、用、排"等低影响开发措施进行设计、建造或改造。居住区规划、建设应充分结合现状条件，对区内雨水的收集与排放进行统筹设计，如充分利用场地原有的坑塘、沟渠、水面，设计为适宜居住区使用的景观水体；采用下凹式绿地、浅草沟、渗透塘、湿塘等绿化方式，但必须注意，承担调蓄功能的绿地应种植抗涝、耐旱性强的植物。这些具有调蓄功能的绿化方式，即可美化居住环境，又可在暴雨时起到调蓄雨水、减少和净化雨水径流的作用，同时也能提高居住区绿化用地的综合利用效率。

【新增条文】

7.0.7 小游园、小广场等应满足透水要求。

【条文说明】

7.0.7 小游园、小广场等硬质铺装应通过设计满足透水要求，实现雨水下渗至土壤或通过疏水、导水设施导入土壤，减少建设行为对自然生态系统的损害。小游园、小广场宜采用透水砖和透水混凝土铺装；小游园或绿地中的步行路还可采用鹅卵石、碎石等透水铺装。

8 道　路

【原条文】

8.0.1 居住区的道路规划，应遵循下列原则：

　　8.0.1.2 小区内应避免过境车辆的穿行，道路通而不畅、避免往返迁回，并适于消防车、救护车、商店货车和垃圾车等的通行；

【修改条文】

8.0.1 居住区的道路规划，应遵循下列原则：

　　8.0.1.2 小区内<u>道路应满足消防、救护等车辆的通行要求</u>；

【条文说明】

8.0.1 居住区要为居民提供方便、安全、舒适和优美的居住生活环境，道路规划设计在很大程度上影响到居民出行方便和安全，因而，对此提出了应遵循的基本原则：

　　<u>二、居住区内的主要道路应满足：</u>

　　1. 线型尽可能顺畅，以方便消防、救护、搬家、清运垃圾等机动车辆的转弯和出入；

　　四、<u>随着国民经济的发展，改善城市生活环境已成为大家日益关注的课题。合理设置公交停靠站及道路两侧的建筑物，尤其是住宅和教育设施等的布置还应尽量减少交通噪声对它们的干扰并通过细致的交通管理创造安全、安宁的居住生活环境。</u>

　　五、<u>道路规划要与抗震防灾规划相结合。在抗震设防城市的居住区内道路规划必须保证有通畅的疏散通道，并在因地震诱发的如电气火灾、水管破裂、煤气泄漏等次生灾害时，能保证消防、救护、工程救险等车辆的出入。</u>

【新增条文】

8.0.7 居住区内的道路在满足路面路基强度和稳定性等道路的功能性要求前提下，路面宜满足透水要求。地面停车场应满足透水要求。

【条文说明】

8.0.7 <u>城市居住区内的道路应优先考虑道路交通的使用功能，在</u>

保证路面路基强度及稳定性等安全性要求的前提下，路面设计宜满足透水功能要求，尽可能采用透水铺装，增加场地透水面积。透水铺装可根据城市地理环境与气候条件选择适宜的做法，例如人行道及车流量和荷载较小的道路、宅间小路可采用透水沥青混凝土铺装，停车场可采用嵌草砖。

9 竖 向

【新增条文】

9.0.2 居住区竖向规划设计，应遵循下列原则：

9.0.2.7 满足防洪设计要求；

9.0.2.8 满足内涝灾害防治、面源污染控制及雨水资源化利用的要求。

【条文说明】

9.0.1～9.0.2 居住区内场地的高程设计应利于场地雨水的收集与排放，应充分结合建筑布局及雨水利用、排洪防涝进行设计，形成低影响开发雨水系统。

【删除条文】

9.0.4 居住区内地面水的排水系统，应根据地形特点设计。在山区和丘陵地区还必须考虑排洪要求。地面水排水方式的选择，应符合以下规定：

9.0.4.1 居住区内应采用暗沟（管）排除地面水；

9.0.4.2 在埋设地下暗沟（管）极不经济的陡坎、岩石地段，或在山坡冲刷严重，管沟易堵塞的地段，可采用明沟排水。

11 综合技术经济指标

【原条文】

11.0.1 居住区综合技术经济指标的项目应包括必要指标和可选用指标两类，其项目及计量单位应符合表 11.0.1 规定。

【修改条文】

11.0.1 居住区综合技术经济指标的项目应包括必要指标和可选

用指标两类，其项目及计量单位应符合表 11.0.1 规定。

表 11.0.1　综合技术经济指标系列一览表

项　目	计量单位	数值	所占比重(%)	人均面积(m²/人)
年径流总量控制率	％	▲	—	—

注：▲必要指标；△选用指标。

【条文说明】

11.0.1　根据《国务院办公厅关于推进海绵城市建设的指导意见》（国办发〔2015〕75 号）和《住房城乡建设部关于印发海绵城市专项规划编制暂行规定的通知》（建规〔2016〕50 号）要求，"编制城市总体规划、控制性详细规划以及道路、绿地、水等相关专项规划时，要将雨水年径流总量控制率作为其刚性控制指标"。编制或修改控制性详细规划时，应依据海绵城市专项规划中确定的雨水年径流总量控制率等要求，并根据《海绵城市建设技术指南》有关要求，结合所在地实际情况，落实雨水年径流总量控制率等指标。

3 城市水系规划规范 GB 50513

主编单位：武汉市规划研究院
　　　　　中国城市规划设计研究院
参编单位：长江勘测规划设计研究院
　　　　　杭州市城市规划设计研究院
　　　　　珠海市城市规划设计研究院
主要起草人：刘奇志　龚道孝　何　梅　李　婧　陈雄志
　　　　　　张　全　龚　斌　徐承华　但秋君　冯一军
　　　　　　王　波　徐照明　吴　思　姜　勇　骆保林
　　　　　　徐慧纬　王家卓　程小文　司马文卉　陈　岩
主要审查人：张　辰　包琦玮　赵　锂　白伟岚　李俊奇
　　　　　　任心欣

3.1 修订说明

本次局部修订是根据住房城乡建设部《关于印发〈2016 年工程建设标准规范制订、修订计划〉的通知》（建标〔2015〕274 号）的要求，由武汉市规划研究院、中国城市规划设计研究院会同有关单位对《城市水系规划规范》GB 50513—2009 进行修订而成。

修订思路是全面落实国家海绵城市建设理念，重点支撑城市黑臭水体治理行动，系统梳理城市水系规划主要内容和重点关注领域。

本次局部修订的主要技术内容是：1. 增加了海绵城市建设的理念和原则；2. 增加了城市蓝线划定的要求；3. 强化了水质保护和水生态保护的内容；4. 将"水系改造"修改为"水系修复与治理"并强化了相关内容；5. 与其他相关标准协调，对相关条文进行了修改完善；6. 进一步明确了强制性条文。

3.2　主要修订条款（局部修订）

1　总　　则

【原条文】

1.0.1　为促进城市水系及滨水空间环境资源的保护和利用，规范城市水系规划的编制，制订本规范。

【修改条文】

1.0.1　为规范城市水系及滨水空间环境资源的保护和利用，指导城市水系规划的编制，实现城市水系综合功能可持续发展，制订本规范。

【条文说明】

1.0.1　我国是一个多江河、多湖泊的国家。近年来，位于城市内或城市周边的水体和水系空间资源出现了高强度开发和无序利用的现象。一方面，城市内部和周边的水体易受到生活污水和工业废水的污染；另一方面，滨水地区具有良好的生态环境和优美的景观条件，一些地方存在有不合理开发造成的滨水地区公共性降低、开发强度过高等问题。本规范用以指导各地的水系保护和利用规划的编制，规范保护和利用城市水系的行为，有利于城市水系综合功能持续高效发挥，促进城市健康发展。

【原条文】

1.0.4　城市水系规划应坚持保护为主、合理利用的原则，尊重水系自然条件，切实保护城市水系及其空间环境。

【修改条文】

1.0.4　城市水系规划应坚持保护为主、合理利用的原则，尊重水系自然条件，切实保护和修复城市水系及其空间环境。

【条文说明】

1.0.4　城市水体及水系空间环境是城市重要的空间资源，是体现城市生态环境、人居环境和空间景观环境的重要载体。城市水系规划的总体原则就是强调对水系及其空间环境的优先保护和对城市水生态的修复，在保护和修复的前提下，再提出有限的合理利用目标。

【新增条文】

1.0.5 城市水系规划应贯彻落实绿色发展理念和海绵城市建设要求，促进雨水的自然积存、自然渗透、自然净化；满足内涝灾害防治、面源污染控制及雨水资源化利用的要求。

【条文说明】

1.0.5 关于贯彻落实绿色发展理念和海绵城市建设要求的基本规定。绿色发展是将生态文明建设融入经济、政治、文化、社会建设各方面和全过程的全新发展理念。海绵城市是指通过加强城市规划建设管理，充分发挥建筑、道路、绿地、水系等系统对雨水的吸纳、蓄渗和缓释作用，有效控制雨水径流的建设，实现自然积存、自然渗透、自然净化的城市发展方式。城市水系规划应贯彻落实绿色发展理念和海绵城市建设要求。

【原条文】

1.0.6 城市水系规划除应符合本规范外，尚应符合国家和行业现行有关标准、规范的规定以及有关的流域规划和区域规划。

【修改条文】

1.0.6 城市水系规划除应符合本规范外，尚应符合国家和行业现行有关标准、规范的规定以及有关的流域规划和区域规划。

【条文说明】

1.0.7 与水系相关的专业规划很多，如供水规划、节水规划、污水处理及再生利用规划、排水防涝规划、防洪规划、园林绿地规划、道路交通规划等，均有相应的国家规范或标准。城市水系规划应与这些规划的规范、标准相衔接。城市水系一般是流域或区域水系的一部分，城市水系规划应符合已批准的有关流域和区域规划。

2 术　　语

【原条文】

2.0.3　生态性岸线　shoreline for ecology

指为保护城市生态环境而保留的自然岸线。

【修改条文】

2.0.3　生态性岸线　shoreline for ecology

指为保护城市生态环境而保留的自然岸线<u>或经过生态修复后具备自然特征的岸线</u>。

【原条文】

2.0.5　生活性岸线　shoreline for activity

指提供城市游憩、居住、商业、文化等日常活动的岸线。

【修改条文】

2.0.5　生活性岸线　shoreline for activity

<u>指提供城市游憩、商业、文化等日常活动的岸线。</u>

3 基本规定

【原条文】

3.0.1　城市水系规划的水系保护、水系利用和涉水工程设施协调，应包括下列内容：

1　建立城市水系保护的目标体系，提出水域、水质、水生态和滨水景观环境保护的规划措施和要求；

2　完善城市水系布局，科学确定水体功能，合理分配水系岸线，提出滨水区规划布局要求；

3　协调各项涉水工程设施之间以及与城市水系的关系，优化各类设施布局。

【修改条文】

3.0.1　城市水系规划<u>应包括以下主要内容</u>：

1　建立城市水系保护的目标体系，提出水域<u>空间管控</u>、水质<u>保护</u>、水生态<u>修复</u>和滨水景观<u>塑造</u>的规划措施和要求；

2 完善城市水系布局，科学确定水体功能，合理分配水系岸线，提出滨水区规划布局<u>和控制</u>要求；

3 协调各项涉水工程设施之间以及与城市水系的关系，优化各类设施布局。

【条文说明】

3.0.1 本条根据城市水系保护和利用中面临的主要问题，提出了城市水系规划的内容要求。

<u>水系保护</u>的核心是建立水体环境质量保护和水系空间保护的综合体系。明确水体水质保护目标，建立污染控制体系；划定水域、滨水绿带和滨水区保护控制线，提出相应的控制管理规定。

<u>水系利用</u>的核心是要构建起完善的水系功能体系。通过科学安排水体功能、合理分配岸线和布局滨水功能区，形成与城市总体发展格局有机结合并相辅相成的空间功能体系。

工程设施协调规划的核心是协调涉水工程设施与水系的关系、涉水工程设施之间的关系，工程设施的布局要充分考虑水系的平面及竖向关系，避免相互之间的矛盾和产生不良影响。

【原条文】

3.0.2 编制城市水系规划时，应坚持下列原则：

1 安全性原则。充分发挥水系在城市给水、排水和防洪排涝中的作用，确保城市饮用水安全和防洪排涝安全；

2 生态性原则。维护水系生态环境资源，保护生物多样性，改善城市生态环境；

【修改条文】

3.0.2 编制城市水系规划时，应坚持下列原则：

1 安全性原则。充分发挥水系在城市给水、<u>排水防涝和城市防洪</u>中的作用，确保城市饮用水安全和防洪排涝安全；

2 生态性原则。维护水系生态环境资源，保护生物多样性，<u>修复和</u>改善城市生态环境；

【原条文】

3.0.3 城市水系规划的对象宜按下列规定分类：

　　1　水体按形态特征分为江河、湖泊和沟渠三大类。湖泊包括湖、水库、湿地、塘堰，沟渠包括溪、沟、渠；

　　2　水体按功能类别分为水源地、生态水域、行洪通道、航运通道、雨洪调蓄水体、渔业养殖水体、景观游憩水体等；

　　3　岸线按功能分为生态性岸线、生活性岸线和生产性岸线。

【修改条文】

3.0.3　城市水系规划的对象宜按下列规定分类：

　　1　<u>水体按形态特征分为河流、湖库和湿地及其他水体四大类。河流包括江、河、沟、渠等；湖库包括湖泊和水库；湿地主要指有明确区域命名的自然和人工的狭义湿地；其他水体是指除河流、湖库、湿地之外的城市洼陷地域。</u>

　　2　水体按功能类别分为水源地、生态水域、行洪通道、航运通道、雨洪调蓄水体、渔业养殖水体、景观游憩水体等。

　　3　岸线按功能分为生态性岸线、生活性岸线和生产性岸线。

【条文说明】

3.0.3　本条提出了城市水系规划对象的分类方法。分类的主要目的一是便于进行聚类分析，二是便于制订有针对性的保护和利用措施。

　　水体的形态十分丰富，但分类过多不利于制定基本的保护利用对策和措施，因此根据其基本形态特征分为河流、湖库、湿地及其他水体，河流（包括江、河、沟、渠等，江河以"带"为基本形态特征，一般水面宽度在 12m 以上，具备较大的流域或汇流范围；沟渠以"线"为基本形态特征）、湖库（湖泊、水库，以"面"为基本形态特征）是城市水系主要类型；这里的湿地是指狭义上的湿地，即沼泽湿地和人工湿地，鉴于其功能的特殊性和重要性，本规范单独将其作为一类；除上述水域以外的其他水域类型规模较小，往往容易被忽视，但在城市水系中防洪排涝、生态环境、水质净化等方面的作用也非常重要，因此也单独列为一类。滨海城市可以增加海湾类别。

　　水系岸线按在城市中的作用进行分类。生态性岸线是有明显生态特征的自然岸线，需要加强原生态保护；生产性岸线主要为满足城市正常的交通、船舶制造、取水、排水等工程和生产需要，包括港口、码头、趸船、船舶停靠、桥梁、高架路、泵站、排水闸等设施；生活性岸线主要满足城市景观、市民休闲、娱乐和展现城市特色的需要，生活性岸线应尽可能对公众开放。

【原条文】

3.0.4 编制城市水系规划应充分收集与水系相关的资料，并进行下列评价：

　　1 城市水系功能定位评价，应从宏观上分析水系在流域、城市空间体系以及在城市生态体系中的定位；

　　2 水体现状评价，应包括水文条件、水质等级与达标率、水系连通状况、水生态系统多样性与稳定性、保护或改善水质的制约因素与有利条件、水系利用状况及存在问题；

　　3 岸线利用现状评价，应包括各类岸线分布、基本特征和利用状况分析、岸线的价值评价；

　　4 滨水区现状评价，应包括滨水区用地现状、空间景观特征及价值评价；

　　5 根据水系的具体情况，可进行交通、历史、文化等其他方面的评价。

【修改条文】

3.0.4 编制城市水系规划应充分收集与水系相关的资料，<u>基础资料应符合附录 A 的规定</u>并进行下列评价：

　　1 城市水系功能定位评价，应从宏观上分析水系在流域、城市空间体系以及在城市生态体系中的定位；

　　2 水体现状评价，应包括水文条件、水质等级与达标率、水系连通状况、水生态系统多样性与稳定性、<u>汇水区排水管渠设施状况</u>、保护或改善水质的制约因素与有利条件、水系利用状况、<u>与外部水系及汇水区的关系</u>及存在问题<u>分析</u>；

　　3 岸线利用现状评价，应包括<u>生态功能受损岸线的分布情况、按功能划分的各类岸线分布</u>、基本特征和利用状况分析、岸线的价值评价；

　　4 滨水区现状评价，应包括滨水区用地现状、空间景观特征及价值评价；

　　5 根据水系的具体情况，可进行交通、历史、文化等其他方面的评价。

4 水系保护

4.1 一般要求

【原条文】

4.1.1 城市水系的保护应包括水域保护、水生态保护、水质保护和滨水空间控制等内容，根据实际需要，可增加水系历史文化保护和水系景观保护的内容。

【修改条文】

4.1.1 城市水系的保护应包括水域保护、水质保护、水生态保护和滨水空间控制等内容，根据实际需要，可增加水系历史文化保护和水系景观保护的内容。

【新增条文】

4.1.3 城市水系规划应以水系现状和历史演变状况为基础，综合考虑流域、区域水资源水环境承载能力、城市生态格局及水敏感性、城市发展需求等因素，梳理水系格局，注重水系的自然性、多样性、连续性和系统性，完善城市水系布局。

【条文说明】

4.1.3 本条提出了完善城市水系布局的基本要求。城市水系格局受多方面因素影响，应统筹考虑，构建城市良性水循环系统。

【新增条文】

4.1.5 应对城市规划区内的河流、湖库、湿地等需要保护的水系划定城市蓝线，并提出管控要求。

【条文说明】

4.1.5 为加强对城市水系的保护与管理，保障城市供水、排水防涝、城市防洪和通航等安全，改善城市生态环境，提升城市品质，促进区域协同发展，需划定城市蓝线。《城市蓝线管理办法》中所称城市蓝线，是指城市规划确定的江、河、湖、库、渠和湿地等城市地表水体保护和控制的地域界线。按照此定义，蓝线范围与绿线范围有部分交叉。本次修订在不改变原有章节的情况下，在本节增加了城市蓝线划定的一般性规定，在滨水空间管控章节中增加和蓝线划定衔接条款。对蓝线范围的认识上，从各地调研情况看，大部分城市在划定城市蓝线时，除了将河流堤防内的范围划为蓝线外，对于城市水生态恢复和滨水环境建设有重要作用和影响的城市滨水绿带也一并划入城市蓝线范围内。同时，这两部分内容在空间管控和用地等统计上又具有不同功能，本次规范修订结合上述《城市蓝线管理办法》和各地实际情况，基本维持水域控制线、滨水绿化控制线、滨水建筑控制线的"三线"管控体系，并增加与蓝线衔接的条款，相关控制线示意如下图。

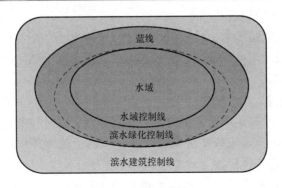

图 1　控制线示意图

4.2　水域保护

【原条文】

4.2.2 受保护水域的范围应包括构成城市水系的所有现状水体和规划新建的水体，并通过划定水域控制线进行控制。划定水域控制线宜符合下列规定：

    1 有堤防的水体，宜以堤顶临水一侧边线为基准划定；

    2 无堤防的水体，宜按防洪、排涝设计标准所对应的洪（高）水位划定；

    3 对水位变化较大而形成较宽涨落带的水体，可按多年平均洪（高）水位划定；

    4 规划的新建水体，其水域控制线应按规划的水域范围线划定。

【修改条文】

4.2.2 受保护水域的范围应包括构成城市水系的所有现状水体和规划新建的水体，并通过划定水域控制线进行控制。划定水域控制线宜符合下列规定：

    1 有堤防的水体，宜以堤顶临水一侧边线为基准划定；

    2 无堤防的水体，宜按防洪、排涝设计标准所对应的洪（高）水位划定；

    3 对水位变化较大而形成较宽涨落带的水体，可按多年平均洪（高）水位划定；

    4 规划的新建水体，其水域控制线应按规划的水域范围线划定。

    <u>**5** 现状坑塘、低洼地、自然汇水通道等水敏感区域宜纳入水域控制范围。</u>

【条文说明】

4.2.2 关于确定水域范围的基本方法。划定水域控制线时，对水位变化较大而形成较宽涨落带的水体，由于达到高水位的机率较低，特别是一些在防洪、排涝中作用较大的水体，往往按照 10 年以上甚至高于 50 年一遇的标准确定设计高水位，平均洪水位以上的滩地在大部分年份没有水，如严格按设计高水位确定水域范围既不利于亲水性的体现，也不符合资源复合利用的原则，同时也增加该区域保护的难度，因此，这些水体的水域控制线宜采用多年平均洪水位线来划定。在具体划定时，应以有利于滩地的保护和复合利用为原则，结合滩地利用的难易程度、防洪或排涝设计标准和滨水地区的用地性质进行具体分析。<u>为确保降低或消除内涝风险，应提高雨洪径流的调蓄容量和排涝通道，宜将这些区域纳入水域控制范围予以保护。</u>

【原条文】

4.2.4 在满足水体主要功能的前提下，可根据重大基础设施项目的系统规划布局合理调整水域控制线，各水体调整后的控制水域面积不宜小于其现状的水域面积。

【修改条文】

4.2.4 在满足水体主要功能的前提下，可根据重大基础设施项目的系统规划布局合理调整水域控制线，各水体调整后的控制水域面积<u>不得</u>小于其现状的水域面积。

【原条文】

4.2.5 位于城市中心区的水体，应依据水域控制线确定水域控制点，作为水域控制的依据。

【修改条文】

4.2.5 位于城市中心区的水体，应依据水域控制线确定水域控制点，作为水域控制<u>和监测督查</u>的依据。

【条文说明】

4.2.5 关于设立水域控制点的要求。由于水域控制线只能在图中进行表示，水域的日常管理维护单位对于没有明确地标物作为水域界限的水体难以进行有效管理，借鉴目前部分地区的成功做法，对水体进行界桩形成人工地标标识易于操作，但界桩不是用地权属范围的界限，而是管理界限，因此，规范要求在规划中明确水域控制线的主要控制点，以作为有关行政管理部门进行界桩的依据，目的是有利于水域控制线的规划管理、<u>水文信息监测、预警系统建设</u>和接受社会监督。

4.3 水质保护

【新增条文】

4.3.5 <u>水质保护应坚持源头控制、水陆统筹、生态修复，实施分类型、分流域、分区域、分阶段的系统治理。</u>

【条文说明】

4.3.5 <u>本条规定结合国家水专项科技成果和黑臭水体治理思路，提出了水质保护的技术路线。就城市水系而言，常规的治理措施一般为先点源治理、再面源治理、然后内源治理。近年来，部分</u>

城市已完成城市污水收集与处理工程的点源治理，面源和内源的治理措施也得到广泛应用，并逐步转向生态修复技术为代表的新的治理措施的应用，取得良好的治理效果，因此本条强化了面源污染和生态修复在水质保护中的应用。由于城市水系中不同的水体受污染的程度、污染物来源以及水体纳污能力都不完全相同，因此，水质保护应分情况进行系统治理。

【新增条文】

4.3.7 对截留式合流制排水系统，应控制溢流污染总量和次数；对分流制排水系统，应结合海绵城市建设，削减城市径流污染。

【条文说明】

4.3.7 本条明确了不同排水体制的汇水区面源污染控制的重点。对截留式合流制排水系统，其溢流污染是影响受纳水体环境质量的重要因素，具体影响程度与溢流污染总量、降雨特点和受纳水体环境容量有直接关系，有条件的城市宜通过相关数学模型的分析来确定可溢流的污染物总量最高限值；考虑到溢流污染总量主要取决于径流污染强度和溢流次数，在条件不具备的城市，可以将溢流污染总量的控制转化为对年均溢流次数的控制，年均溢流次数可以通过借鉴相关案例或参照其他城市的规定来明确。对分流制排水系统，在实现污水收集与处理后，径流污染成为影响受纳水体环境质量的主要因素，一般通过控制中小降雨的径流污染来削减进入水体的径流污染物量。美国典型的水质控制体积标准分为 4 个等级，即控制年均 80%、85%、90%、95%降雨场次，如表 1 所示。

表 1　美国源头减排体积控制标准

水质控制体积标准等级	目的	标准等级来源
80%(降雨场次)	污染控制与效益最大化	2003 年加利福尼亚州的《新建改建雨水最佳管理手册》
85%(降雨场次)	实现径流污染物总量控制效益最大化	1998 年《城市径流水质管理》
90%(降雨场次)	控制降雨初期的降雨量 0.8～1.2inch(1inch=25.4mm)	"初期冲刷"概念
95%(降雨场次)	控制年径流体积与未开发前自然状态下的年均下渗量一致	2009 年美国环保局颁布的"雨水径流减排技术导则"

4.4 水生态保护

【新增条文】

4.4.6 应统筹考虑流域、河流水体功能、水环境容量、水深条件、排水口布局、竖向等因素，在滨水绿化控制区内设置湿塘、湿地、植被缓冲带、生物滞留设施、调蓄设施等低影响开发设施。

【新增条文】

4.4.7 滨水绿化控制区内的低影响开发设施应为周边区域雨水提供蓄滞空间，并与雨水管渠系统、超标雨水径流排放系统及下游水系相衔接。

【条文说明】

4.4.6~4.4.7 明确水生态保护可采用的低影响开发设施，并提出低影响开发设施与传统管渠系统、超标雨水径流系统、下游水系的衔接要求。

4.5 滨水空间控制

【新增条文】

4.5.4 滨水绿化控制线应满足城市蓝线中陆域控制的要求。

【条文说明】

4.5.4 关于滨水绿化控制范围与城市蓝线范围的关系。城市蓝线包括水域控制线和陆域控制线；滨水绿化控制范围包括蓝线中的陆域控制范围以及根据城市功能需求布局的其他滨水绿化用地范围。

【原条文】

4.5.4 滨水建筑控制线应根据水体功能、水域面积、滨水区地形条件及功能等因素确定。滨水建筑控制线与滨水绿化控制线之间应有足够的距离，并明确该区域城市滨水景观的控制要求。

【修改条文】

4.5.5 滨水建筑控制线应根据水体功能、水域面积、滨水区地形条件及功能等因素确定。滨水建筑控制线与滨水绿化控制线之间应有足够的距离，<u>应明确滨水建筑控制区在滨水景观和低影响开发方面的控制要求</u>。

【条文说明】

4.5.5 关于滨水建筑区的划定原则，实际规划中还应考虑地形地势条件和周边的用地布局，其目的主要是在滨水城市地区形成良好的城市景观，使水、岸和城市建筑相互呼应，要结合不同的滨水条件和功能，对主要的景观要素<u>和低影响开发指标</u>进行控制。

5 水系利用

5.1 一般要求

【原条文】

5.1.1 城市水系利用规划应体现保护和利用协调统一的思想，统筹水体、岸线和滨水区之间的功能，并通过对城市水系的优化，促进城市水系在功能上的复合利用。

【修改条文】

5.1.1 城市水系利用规划应体现保护、<u>修复</u>和利用协调统一的思想，统筹水体、岸线和滨水区之间的功能，并通过对城市水系的优化，促进城市水系在功能上的复合利用。

【原条文】

5.1.2 城市水系利用规划应贯彻在保护的前提下有限利用的原则，应满足水资源承载力和水环境容量的限制要求，并能维持水生态系统的完整性和多样性。

【修改条文】

5.1.2 城市水系利用规划应贯彻在保护<u>和修复</u>的前提下有限利用的原则，应满足水资源承载力和水环境容量的限制要求，并能维持水生态系统的完整性和多样性。

【新增条文】

5.1.3 城市水系利用规划应禁止填湖造地，避免盲目截弯取直和河道过度硬化等破坏水生态环境的行为。

【条文说明】

5.1.3 本条是关于严禁破坏水生态环境行为的规定。《中华人民共和国水法》第四十条规定：禁止围湖造地，禁止围垦河道。目前一些地区在开发建设时存在填埋、占用城市水域，将河道硬质化、渠道化等破坏水生态环境行为，对水体的自然形态及水生态系统造成极大的破坏，甚至是带来不可逆的影响，因此对以上行为提出禁止性规定。

【新增条文】

5.1.4 城市水系利用规划应按照海绵城市建设要求，强化雨水径流的自然渗透、净化与调蓄，优化城市河道、湖泊和湿地等水体的布局，并与相关规划相协调。

【条文说明】

5.1.4 本条规定为城市水系利用规划应落实海绵城市建设要求的基本规定。

5.2 水体利用

【原条文】

5.2.2 确定水体的利用功能应符合下列原则：

　　4 水体利用必须优先保证城市生活饮用水水源的需要，并不得影响城市防洪安全；

【修改条文】

5.2.2 确定水体的利用功能应符合下列原则：

　　4 水体利用必须优先保证城市生活饮用水水源的需要，并不得影响城市排水防涝和城市防洪安全；

　　7 应充分利用水体对雨水的调蓄能力，强化水体对超标雨水径流的调蓄和排放功能。

【条文说明】

5.2.2 关于确定水体功能的规定。在水体的诸多功能当中，首先应确定的是城市水源地和行洪通道，城市水源地和行洪通道是保证城市安全的基本前提。对城市水源水体，应当尽量减少其他水体功能的布局，避免对水源水体质量造成不必要的干扰。

水生态保护区，尤其是有珍稀水生生物栖息的水域，是整个城市生态环境中最敏感和脆弱的部分，其原生态环境应受到严格的保护，应严格控制该部分水体再承担其他功能，确需安排游憩等其他功能的应专门的环境影响评价，确保这类水体的生态环境不被破坏。

位于城市中心区范围内的水体往往是城市中难得的开敞空间，具有较高的景观价值，赋予其景观功能和游憩功能有利于形成丰富的城市景观。

城市水系是超标雨水径流排放系统的重要组成部分，可通过合理的水系布局和断面设计，强化水体对超标暴雨径流的蓄积功能。

5.3 岸线利用

【原条文】

5.3.7 水体水位变化较大的生活性岸线，宜进行岸线的竖向设计，在充分研究水文地质资料的基础上，结合防洪防涝工程要求，确定沿岸的阶地控制标高，满足亲水活动的需要，并有利于突出滨水空间特色和塑造城市形象。

【修改条文】

5.3.7 水体水位变化较大的生活性岸线，宜进行岸线的竖向设计，在充分研究水文地质资料的基础上，结合防洪和排水防涝工程要求，确定沿岸的阶地控制标高，满足亲水活动的需要，并充分考虑生活性岸线的生态性和观赏性，突出滨水空间特色和塑造城市形象。

5.4　滨水区规划布局

【原条文】

5.4.5　滨水区规划布局应有利于滨水空间景观的塑造，分析水体自然特征、天际轮廓线、观水视线以及建筑布局对滨水景观的影响；对面向水体的城市设计应提出明确的控制要求。

【修改条文】

5.4.5　滨水区规划布局应有利于滨水空间景观的塑造，分析水体自然特征、天际轮廓线、观水视线以及建筑布局对滨水景观的影响，明确滨水区城市设计的控制要求。

【条文说明】

5.4.5　滨水区是水系景观功能体现的重要载体，但景观特征与各地的具体情况有直接的关联，难以作出统一的规定，因此，本条从规划管理角度提出相应的控制要求，通过城市设计来规范滨水区的景观塑造。滨水区是城市重要的公共空间，通过强化滨水区城市设计，有利于优化提升公共空间的景观环境品质，形成特色化滨水空间。

【新增条文】

5.4.6　滨水区规划布局应有利于形成坡向水体的超标雨水径流行泄通道，并结合周边地势特点明确滨水规划区道路及滨水绿化控制线范围内的竖向控制要求。滨水绿化控制线范围内的区域宜作为超标雨水的短时蓄滞空间。

【条文说明】

5.4.6　本条是对滨水区竖向规划和短时调蓄功能的规定。滨河的道路与绿带，在满足安全的前提下，可通过合理的竖向设计，形成坡向水体的超标径流行泄通道，使得城市雨水径流以地表潜流的方式排入河道，以利于雨水的顺畅排除。

5.5　水系修复与治理

【新增条文】

5.5.2　水系连通应恢复和保持河湖水系的自然连通，构建城市良性水循环系统。确需开展人工连通时，应把握河湖水系的自然规律，统筹考虑连通的需求和可行性，充分考虑连通的生物安全性和环境影响，避免盲目进行人工连通。

【条文说明】

5.5.2 本条提出了城市水系连通应遵循的原则。河网水系连通是区域防洪、供水和生态安全的重要基础，是对自然水生态系统的重塑。恢复和保持河湖水系的自然连通，可改善河湖的水力联系，加速水体流动，有利于增强水体自净能力，提高河湖健康保障能力。但违背河湖水系的自然规律的盲目人工连通，对水生态方面所产生的负面影响也不容忽视，其中有些影响甚至是深远的、不可逆的。水系连通工程作为一项社会工程、民生工程，必须要重视工程建设后的影响。在修建水系连通工程时，应结合国内外成功案例，借鉴可用之处，尽可能将水系连通的负面影响降至最低。如果不能妥善的处理负面影响，将影响到社会和谐、人与自然的和谐，阻碍社会的可持续发展。

【新增条文】

5.5.3 水系修复应因势利导对渠化河道进行生态修复，重塑健康自然岸线，恢复自然漫滩，营造多样性生物生存环境。

【条文说明】

5.5.3 本条提出对河道进行生态修复的规定。河道的生物多样性和河道形态、结构空间异质性、多样性息息相关，通过河道形体结构生态改造，形成自然河流蜿蜒的形态，急流、缓流、弯道及浅滩相间的格局，深潭、浅滩交错的形势，有利于提高河道生物群落生境的异质性，构建生物群落多样性，恢复河道受损的水生生态系统结构与功能。

【新增条文】

5.5.4 水系治理应保障城市河湖生态系统的生态基流量，拦水坝等构筑物的设置不应影响水系的连通性，应通过河道贯通、疏拓、拆除功能不强的闸坝等工程措施，加强水体整体的流动性。

【条文说明】

<u>5.5.4</u> <u>本条规定河湖生态需水量和保障水体流动性的要求。城市河湖生态水量是维持河湖生态系统、河湖水质、景观功能要求的适宜需水量，是河湖生物栖息地环境和水生生物健康的重要保障。目前建设中通过设置拦水坝等构筑物以提高水景观效果的做法比较常见，导致水系下游生态水量减少，水体流动性下降，应通过河道贯通、疏拓、拆除功能不强的闸坝等工程措施，加强水体连通性，以利于城市河湖生态系统的健康安全。</u>

【原条文】

5.5.3 水系改造应有利于提高城市水生态系统的环境质量，增强水系各水体之间的联系，不宜减少水体涨落带的宽度。

【修改条文】

5.5.5 水系改造应有利于提高城市水系的综合利用价值，符合区域<u>地形地貌</u>、水系分布特征及水系综合利用要求。

【原条文】

5.5.4 水系改造应有利于提高城市防洪排涝能力，江河、沟渠的断面和湖泊的形态应保证过水流量和调蓄库容的需要。

【修改条文】

5.5.7 水系改造应有利于提高城市<u>排水防涝和城市防洪减灾能力</u>，江河、沟渠的断面和湖泊的形态应保证过水流量和调蓄库容的需要，<u>预留超标径流的蓄滞空间</u>。

【原条文】

5.5.6 规划建设新的水体或扩大现有水体的水域面积，应与城市的水资源条件和排涝需求相协调，增加的水域宜优先用于调蓄雨水径流。

【修改条文】

5.5.9 规划建设新的水体或扩大现有水体的水域面积，应与城市的水资源条件、<u>排水防涝、海绵城市建设目标、用地规划</u>相协调，增加的水域宜优先用于调蓄和<u>净化</u>雨水径流。

【条文说明】

5.5.9 关于扩大水域面积的规定。水系改造是城市建设过程中提升水系综合功能的手段，在改造过程中水域面积是重要的控制条件，但水域面积的大小与各地的水资源条件和地形地势条件等实际情况有较大关联，也与城市发展阶段、发展水平有很大关系。规范编制过程中就水域面积率有很多争论，虽然都同意水系改造不能减少水面，也认为有必要适当限制在水资源缺乏城市盲目扩大或开挖大型景观水面的行为，但对于水面较少的城市是否有必要在规划中增加新的水面有不同意见。结合征求意见的反馈情况、近年来国家对减轻洪涝灾害的重视程度、减小城市排涝系统压力和降低城市面源污染的生态型雨水排除系统的发展趋势等多方面因素，在规范中按照不同地区降雨及水资源条件给出了水域面积率的建议值，以便各地在规划建设新的水体或扩大水域面积时参考。通过对全国不同地域 25 个城市近年所编规划的统计分析，规划的水域面积率都基本处于规范建议的范围内。在资料条件有限时，可按下表确定新增加水域的面积。

表 4 城市适宜水域面积率

城市区位	水域面积率(%)
一区城市	8~12
二区城市	3~8
三区城市	2~5

注：1 一区包括湖北、湖南、江西、浙江、福建、广东、广西、海南、上海、江苏、安徽、重庆；二区包括贵州、四川、云南、黑龙江、吉林、辽宁、北京、天津、河北、山西、河南、山东、宁夏、陕西、内蒙古河套以东和甘肃黄河以东的地区；三区包括新疆、青海、西藏、内蒙古河套以西和甘肃黄河以西的地区。

2 山地城市宜适当降低水域面积率指标。

6 涉水工程规划协调

6.1 一 般 要 求

【原条文】

6.1.1 涉水工程协调规划应对给水、排水、防洪排涝、水污染治

理、再生水利用、综合交通等工程进行综合协调，同时还应协调
景观、游憩和历史文化保护方面的内容。

【修改条文】

6.1.1 涉水工程协调规划应对城市水系统（供水、节水、污水处
理及再生水利用、排水防涝、防洪等）、园林绿地系统、道路交通
系统等进行综合协调，同时还应协调景观、游憩和历史文化保护
方面的内容。

6.2 涉水工程与城市水系的协调

【原条文】

6.2.2 防洪排涝工程应避免对城市水生态系统的破坏，水库的设
置应保证下游河道生态需水量要求，堤防的设置可能导致原水生
态系统自然特征显著改变的应同步设置补救措施。

【修改条文】

6.2.2 城市排水防涝与防洪工程应相互协调，避免河道顶托形成
排水不畅。防洪工程应避免对城市水生态系统的破坏，水库的设
置应保证下游河道生态需水量要求，堤防建设可能导致原水生态
系统自然特征显著改变的应同步设置补救措施，雨水直排或合流
制管渠溢流进入城市内河、内湖水系的，应设置生态治理措施。

【条文说明】

6.2.2 关于城市防洪和排水防涝工程与城市水系协调的具体要
求。随着世界各国对生态系统保护越来越重视，对传统水利防洪
工程引起的一系列生态问题的认识逐步深入，生态水利的理念已
得到国际社会和国内相关部门、学者的认可，因此，在进行防洪
排涝工程规划时需要避免工程实施对生态的破坏，一方面是在确
定水资源调度方案时要考虑和保证生态需水量的需求，维持下游
地区的生态平衡；另一方面是要采取必要的补偿措施，将水利工
程建设的不利影响降低到最小的程度，比如鱼道的设置、水生态
交换通道的设置等。合流制排水系统存在合流制溢流污染问题，
分流制雨水系统存在初期雨水污染问题，根据《海绵城市建设绩

效评价与考核办法（试行）》的要求，为控制城市面源污染，雨水直排或合流制管渠溢流进入城市内河水系的，应采取生态治理后入河，确保海绵城市建设区域内的河湖水系水质不低于地表Ⅳ类。

【原条文】

6.2.3 城市污水处理工程应结合再生水利用系统进行合理布局，促进城市水系的健康循环。初期雨水处理工程宜结合滨水的城市绿化用地设置，并采用人工湿地等易于塑造滨水景观的处理设施。

【修改条文】

6.2.3 城市污水处理工程应结合再生水利用系统进行合理布局，促进城市水系的健康循环。径流污染控制工程宜结合滨水的城市绿化用地设置，并采用人工湿地等易于塑造滨水景观的处理设施。

6.3 涉水工程设施之间的协调

【原条文】

6.3.3 桥梁建设应符合相应防洪标准和通航航道等级的要求，不应降低通航等级，桥位应与港口作业区及锚地保持安全距离。

【修改条文】

6.3.3 桥隧工程建设应符合相应防洪标准和通航航道等级的要求，不应降低通航等级，桥位应与港口作业区及锚地保持安全距离，应采取必要措施降低对水体环境功能的影响。

附录 A 规划编制基础资料

【新增条文】

A.0.3 确有必要时，应开展专门的观测和调查。

4 城市排水工程规划规范 GB 50318

本 规 范 主 编 单 位 :陕西省城乡规划设计研究院
中国城市规划设计研究院
本 规 范 参 编 单 位 :北京市城市规划设计研究院
中国市政工程华北设计研究总院有限公司
大连市城市规划设计研究院
中国市政工程中南设计研究总院有限公司
昆明市规划设计研究院
上海市政工程设计研究总院（集团）
有限公司
广州市市政工程设计研究总院
北京建筑大学
本 规 范 参 加 单 位 :西安建筑科技大学环境与市政工程学院
重庆大学城市建设与环境工程学院
北京科技大学能源与环境工程学院
本规范主要起草人员：张明生　孔彦鸿　王召森　徐一剑
张秀华　张林韵　李树苑　张晓昕
张　华　车　伍　李俊奇　支霞辉
谢映霞　魏　博　刘志盈　由　阳
李　婧　李　亚　刘海燕　王　强
陈贻龙　彭党聪　何　强　翟　俊
王家卓　马洪涛　李子富　何伟嘉
李梦阳　王广华　俞士静　陈　岩
金　彪　周志刚　段燕惠　郭　涛
刘广奇　崔　硕　朱　玲　刘晶昊
本规范主要审查人员：王静霞　杨明松　聂洪文　李　红
曹金清　高　斌　徐承华　陈治刚
周鑫根　张　辰　赵　锂　白伟岚
包琦玮

4.1　修订说明

《城市排水工程规划规范》GB 50318—2000 对城市排水工程的有序建设发挥了重要作用，但随着我国城镇化进程的推进，城市排水工程的建设条件发生了很大变化，给水排水工程技术也有了很快发展。为适应我国城市建设和排水工程技术的快速发展，应对气候变化，提高城市排水工程规划的编制质量，保障城市排水安全，提高水资源利用效率，促进水生态环境改善，2012 年 5 月，《城市排水工程规划规范》GB 50318 启动了修编工作。

本次修订是在国家有关基本建设方针、政策、法令的指导下，在最近的《城镇排水与污水处理条例》、《关于做好城市排水防涝设施建设工作的通知》、《关于加强城市基础设施建设的意见》、《关于加强城市地下管线建设管理的指导意见》、《关于推进海绵城市建设的指导意见》的引领下，总结我国近年来排水工程建设的经验、技术进步、水资源及水环境条件的变化等因素，借鉴发达国家城市排水的治理经验，并考虑今后城市排水工程发展需要进行的。

本次修订的主要技术内容是：1. 将原规范的结构框架进行调整，增加了术语、基本规定和监控与预警三个章节；2. 将原规范的排水体制、排水量、系统布局、排水管渠、排水泵站、污水处理与利用等内容分别在污水系统、雨水系统及合流制排水系统中规定；并对雨水系统进行了定义；3. 适用范围调整为城市规划的排水工程规划和城市排水工程专项规划的编制；4. 在总则、基本规定、雨水系统及合流制排水系统中增加了节能减排、源头径流减排、雨水综合利用、城市防涝空间控制、合流制系统改造和溢流污染控制等内容。

4.2　主要修订条款（全文修订）

本规范为全文修订，修订内容较多，故本部分仅列出修订后与海绵城市相关的条文。

1 总 则

1.0.3 城市排水工程规划应遵循"统筹规则、合理布局、综合利用、保护环境、保障安全"的原则，满足新型城镇化和生态文明建设的要求。

2 术 语

2.0.1 城市雨水系统 urban drainage system

收集、输送、调蓄、处置城市雨水的设施及行泄通道以一定方式组合成的总体，包括源头减排系统、雨水排放系统和防涝系统三部分。

2.0.2 源头减排系统 source control drainage system

场地开发过程中用于维持场地开发前水文特征的生态设施以一定方式组合的总体。

2.0.3 雨水排放系统 minor drainage system

应对常见降雨径流的排水设施以一定方式组合成的总体，以地下管网系统为主。亦称"小排水系统"。

2.0.4 防涝系统 major drainage system

应对内涝防治设计重现期以内的超出雨水排放系统应对能力的强降雨径流的排水设施以一定方式组合成的总体。亦称"大排水系统"。

2.0.5 防涝行泄通道 excess stormwater pathway

承担防涝系统雨水径流输送和排放功能的通道，包括城市河道、明渠、道路、隧道、生态用地等。

2.0.6 城市防涝空间 space for local flooding control

用于城市超标降雨的防涝行泄通道和布置防涝调蓄设施的用地空间，包括河道、明渠、隧道、坑塘、湿地、地下调节池（库）和承担防涝功能的城市道路、绿地、广场、开放式运动场等用地空间。

2.0.7 防涝调蓄设施 storage and detention facilities for local flooding

用于防治城市内涝的各种调节和储蓄雨水的设施，包括坑塘、湿地、地下调节池（库）和承担防涝功能的绿地、广场、开放式运动场地等。

2.0.8 合流制排水系统 combined system

将雨水和污水统一进行收集、输送、处理、再生和处置的排水系统。

3 基 本 规 定

3.1 一 般 规 定

3.1.4 城市建设应根据气候条件、降雨特点、下垫面情况等，因地制宜地推行低影响开发建设模式，削减雨水径流、控制径流污染、调节径流峰值、提高雨水利用率、降低内涝风险。

【条文说明】

3.1.4 本条是关于推行低影响开发建设模式、源头减排的规定。

低影响开发（Low Impact Development，LID）是一种在开发过程中尽最大努力保留自然要素、生物多样性和水文状态，对自然环境影响最小化的土地利用和开发模式，其运用经过设计的小规模水文控制措施，通过在源头对径流进行渗透、过滤、存储、蒸发和滞留，来重现流域开发前的水文机制。

大气和地表中的污染物通过降雨和地表径流冲刷，形成径流污染，排入受纳水体，是城市河湖水系遭受污染的重要原因。低影响开发强调利用场地的自然特征来保护水环境质量，有利于控制城市径流污染和提高雨水利用程度，对于降低城市内涝风险也有一定的帮助。但是，在强降雨的降雨强度达到峰值时，源头减排系统所依赖的渗透、存储、蒸发和滞留能力往往也已经基本饱和。因此，低影响开发建设模式对于内涝风险的降低作用是有限的。确定城市内涝应对策略时，应注意避免过于强调甚至是依赖这一措施。

3.4 排水受纳体

3.4.1 城市排水受纳水体应有足够的容量和排泄能力，其环境容量应能保证水体的环境保护要求。

【条文说明】

3.4.1 本条规定了城市排水受纳体应符合的基本条件。

明确了城市雨水和达标排放的污水排入受纳水体的条件是必须满足受纳水体的环境容量和排泄能力。沿海、沿江城市，污水选择深海排放或排江时，必须经技术经济比较论证及环境影响评价（包括生物影响评价），并对污水水质、水体功能、水环境容量和水文水动力条件等进行综合分析后合理确定。污水排放前应根据环境评价的要求进行处理，排入受纳水体的污水处理厂出厂水水质应满足国家和地方相关排放标准。湿地、坑、塘、淀、洼等水体因容量有限，需要进行科学的分析论证。

3.4.2 城市排水受纳水体应根据城市的自然条件、环境保护要求、用地布局，统筹兼顾上下游城市需求，经综合分析比较后确定。

4 污水系统

4.4.3 城市污水处理厂规划用地指标应根据建设规模、污水水质、处理深度等因素，可按表 4.4.3 确定。设有污泥处理、初期雨水处理设施的污水处理厂，应另行增加相应的用地面积。

表 4.4.3 城市污水处理厂规划用地指标

建设规模（万 m^3/d）	规划用地指标（$m^2 \cdot d/m^3$）	
	二级处理	深度处理
>50	0.30～0.65	0.10～0.20
20～50	0.65～0.80	0.16～0.30
10～20	0.80～1.00	0.25～0.30
5～10	1.00～1.20	0.30～0.50
1～5	1.20～1.50	0.50～0.65

注：1 表中规划用地面积为污水处理厂围墙内所有处理设施、附属设施、绿化、道路及配套设施的用地面积。

2 污水深度处理设施的占地面积是在二级处理污水厂规划用地面积基础上新增的面积指标。

3 表中规划用地面积不含卫生防护距离面积。

【条文说明】

4.4.3 本条规定城市污水处理厂的规划用地面积指标。

城市总体规划中的排水专项的重要任务之一就是预留污水处理厂的规划用地面积。本次规划修订是在调研分析近十年全国范围内包括北京市、上海市、天津市、重庆市、广东省、陕西省、湖北省、浙江省、山东省、吉林省、内蒙古自治区、西藏自治区等多个省市自治区几百座污水处理厂实际工程建设用地的基础上，选择不同地区、不同规模、主流工艺流程、数据齐全的 101 座污水处理厂的有效样本作为基础数据，统计分析确定。

资料显示，最近十年的新建污水处理厂已无仅含一级处理的案例。因此，本次修编取消了一级处理标准的污水处理厂用地指标。

二级处理污水的规划用地指标所适用的城市污水处理厂出水水质按国家《城镇污水处理厂污染物排放标准》GB 18918-2002 中的一级 A 标准考虑。该规划用地指标根据工艺特点及建设模式的变化，对各种污水处理工艺的用地进行综合比较后，按已建成的污水处理厂主流技术确定，能满足目前国内污水处理厂除磷脱氮工艺的用地需求。

污水深度处理的规划用地指标按混凝、沉淀（或澄清）、过滤、膜技术、曝气、消毒等目前主流处理技术路线考虑。规划时可根据区域特征及再生水回用目标酌情调整。

在调研统计的全国各地污水处理厂中，仅有北京、上海、天津、广州、武汉等大城市的新建及改、扩建污水处理厂中有增加初期雨水处理工艺或污泥深度脱水工艺的工程案例。根据从为数不多的项目中总结提取的经验值，结合国家有关城镇污水处理厂污泥处理处置的技术指南与技术导则，以及若干城市相关的地方规定，初步提出初期雨水处理及污泥深度脱水的具有前瞻性的规划用地面积建议值，详见表 1。因我国各地区经济及环境条件差异很大，而本次规范修编收集的样本数量有限，需要在今后的工程实践中不断积累经验，待丰富完善之后再补充到规范的条文中。

表1 初期雨水处理、污泥深度脱水的规划用地面积建议值

建设规模（万 m³/d）	污水处理厂（hm²）	
	初期雨水处理	污泥深度脱水
20～50	1.50～2.00	6.00～8.00
10～20	1.20～1.50	3.00～6.00
5～10	0.90～1.20	2.50～3.00
1～5	0.30～0.90	0.65～2.50

注：1 污泥深度脱水为脱水后的污泥含水率达到55%～65%。
2 本表数据不含初期雨水调蓄池等的用地面积。

5 雨 水 系 统

5.1 排水分区与系统布局

5.1.1 雨水的排水分区应根据城市水脉格局、地势、用地布局，结合道路交通、竖向规划及城市雨水受纳水体位置，遵循高水高排、低水低排的原则确定，宜与河流、湖泊、沟塘、洼地等天然流域分区相一致。

【条文说明】

5.1.1 本条规定了雨水排水分区确定的基本原则。

天然流域汇水分区的较大改变可能会导致下游因峰值流量的显著增加而产生洪涝灾害，也可能会导致下游因雨水流量长期减少而影响生态系统的平衡。因此，为减轻对各流域自然水文条件的影响，降低工程造价，规划雨水分区宜与天然流域汇水分区保持一致。

5.1.2 立体交叉下穿道路的低洼段和路堑式路段应设独立的雨水排水分区，严禁分区之外的雨水汇入，并应保证出水口安全可靠。

【条文说明】

5.1.2 本条是关于立体交叉下穿道路低洼段和路堑式路段等重要低洼区雨水排水分区的规定。

立体交叉下穿道路低洼段和路堑式路段的雨水一般难以重力流就近排放，往往需要设置泵站、调蓄设施等应对强降雨。为减少泵站等设施的规模，降低建设、运行及维护成本，应遵循高水高排、低水低排的原则合理进行竖向设计及排水分区划分，并采取有效措施防止分区之外的雨水径流进入这些低洼地区。

在合理划分排水分区的基础上，为提高排水的安全保障能力，立体交叉下穿道路低洼段和路堑式路段均应构建独立的排水系统。出水口应设置于适宜的受纳体，防止排水不畅甚至是客水倒灌。

立体交叉下穿道路低洼段和路堑式路段一般都是重要的交通通道，如果不以上述措施保障这些区域的排水防御能力，不仅会频繁严重影响城市的正常运转，而且往往还会直接威胁人民的生命财产安全，因而将本条作为强制性条文。

5.1.3 城市新建区排入已建雨水系统的设计雨水量，不应超出下游已建雨水系统的排水能力。

【条文说明】

5.1.3 本条是关于新建雨水系统与已建雨水系统关系的规定。

城市建设往往会导致雨水径流量的增加。随着城市规模的扩大，如果不对城市新建区排入已建雨水系统的雨水量进行合理控制，就会不断加大已建雨水系统的排水压力，增加城市内涝风险。因此，应以城市已建雨水系统的排水能力作为限制因素，按照新建区域增加的设计雨水量不会导致已建雨水系统排水能力不足为判断条件，来考虑新建雨水系统与已建雨水系统的衔接。对于雨水排放系统，应据此确定新建区中可接入已建系统的最大规模，超出部分应另行考虑排水出路；对于防涝系统，应据此确定新建区中可排入已建系统的最大设计流量，超出部分应合理布置调蓄空间进行调蓄。

5.1.4 源头减排系统应遵循源头、分散的原则构建，措施宜按自然、近自然和模拟自然的优先顺序进行选择。

5.1.5 雨水排放系统应按照分散、就近排放的原则，结合地形地势、道路与场地竖向等进行布局。

5.1.6 城市总体规划应充分考虑防涝系统蓄排能力的平衡关系，统筹规划，防涝系统应以河、湖、沟、渠、洼地、集雨型绿地和生态用地等地表空间为基础，结合城市规划用地布局和生态安全格局进行系统构建。控制性详细规划、专项规划应落实具有防涝功能的防涝系统用地需求。

5.2 雨 水 量

5.2.1 城市总体规划应按气候分区、水文特征、地质条件等确定径流总量控制目标；专项规划应将城市的径流总量控制目标进行分解和落实。

5.2.2 采用数学模型法计算雨水设计流量时，宜采用当地设计暴雨雨型。设计降雨历时应根据本地降雨特征、雨水系统的汇水面积、汇流时间等因素综合确定，其中雨水排放系统宜采用短历时降雨，防涝系统宜采用不同历时的降雨。

【条文说明】

5.2.2 本条是关于设计降雨历时的确定原则。

在采用数学模型法计算复核管道规模时，宜采用当地设计暴雨雨型。设计降雨历时应根据本地降雨特征、雨水系统的汇水面积、汇流时间等因素综合确定，其中雨水排放系统宜采用短历时降雨，防涝系统宜采用不同历时的降雨进行校核。

5.2.3 设计暴雨强度，应按当地设计暴雨强度公式计算，计算方法按现行国家标准《室外排水设计规范》GB 50014 中的规定执行。暴雨强度公式应适时进行修订。

【条文说明】

5.2.3 本条是关于暴雨强度公式的规定。

为应对气候变化，规定地方政府应组织相关部门根据新的降雨资料对设计暴雨强度公式进行适时修订。对无当地暴雨强度公式的城市，可参考《中国气候区划图》及当地气象条件选取周边较近城市（地区）的暴雨强度公式。

5.2.4 综合径流系数可按表 5.2.4 的规定取值。城市开发建设应采用低影响开发建设模式，降低综合径流系数。

表 5.2.4 综合径流系数

区域情况	综合径流系数（Ψ）	
	雨水排放系统	防涝系统
城市建筑密集区	0.60～0.70	0.80～1.00
城市建筑较密集区	0.45～0.60	0.60～0.80
城市建筑稀疏区	0.20～0.45	0.40～0.60

【条文说明】

5.2.4 本条规定了综合径流系数的取值范围。

城市建筑稀疏区是指公园、绿地等用地，城市建筑密集区是指城市中心区等建筑密度高的区域，城市建筑较密集区是指上述两类区域以外的城市规划建设用地。

综合径流系数应考虑城市规划用地的下垫面情况，如不透水下垫面的比例、土壤渗透能力以及地下水埋深等的影响。相同条件下，不透水下垫面比例高的场地，其综合径流系数取值应高于不透水下垫面比例低的场地；土壤渗透能力弱的场地，其综合径流系数取值应高于土壤渗透能力强的场地。

推行低影响开发建设模式能够在一定程度上降低场地的综合径流系数，对雨水进行源头削峰、减量、降污。随着海绵城市建设的逐渐推进，低影响开发模式正在城市建设过程中实施，规划审批环节也将逐步完善。因此，在确定雨水管道及设施规模时，考虑源头减排系统对径流系数取值的影响，综合径流系数的取值采用表 5.2.4 的数值，对于没有采用低影响理念进行建设的城市，市政管道设计径流系数可取上限值或按实际情况取值。

防涝系统的综合径流系数的取值范围高于雨水排放系统，主要是考虑到以下两个方面的因素：

1 防涝系统的设计重现期高于雨水排放系统，渗透、蒸发、植被截留等对其设计径流量的削减程度相对较低。

2 雨水的渗透、蒸发与植被截留作用随着降雨历时的延长而逐渐减弱，设计降雨峰值出现时，上述作用会大大降低，甚至已不明显。

防涝系统的综合径流系数的取值范围，是在雨水排放系统综合径流系数取值范围的基础上，参考澳大利亚《昆士兰州城市排水手册》（2007 年第二版）中所列的综合径流系数重现期修正参数确定的，相关参数见表 2。

表 2 《昆士兰州城市排水手册》中的综合径流系数重现期修正参数

重现期（年）	综合径流系数重现期修正参数
1	0.80
2	0.85
3	0.95
10	1.00
20	1.05
50	1.15
100	1.20

注：根据《澳大利亚降雨与径流》（1998）的建议，城区内修正后的综合径流系数超过 1.00 时，直接取 1.00。

5.2.5 设计重现期应根据地形特点、气候条件、汇水面积、汇水分区的用地性质（重要交通干道及立交桥区、广场、居住区）等因素综合确定，在同一排水系统中可采用不同设计重现期，重现期的选择应考虑雨水管渠的系统性；主干系统的设计重现期应按总汇水面积进行复核。设计重现期取值，按现行国家标准《室外排水设计规范》GB 50014 中关于雨水管渠、内涝防治设计重现期的相关规定执行。

【条文说明】

5.2.5 本条规定了雨水系统设计重现期的取值依据。

本次修订在设计重现期的取值规定中增加了汇水面积及在同一排水系统中可采用不同设计重现期，重现期的选择应考虑雨水管渠的系统性；主干系统的设计重现期应按总汇水面积进行复核等内容，目的是强调雨水管渠设计的系统性，及主干系统的重要作用。对设计重现期的具体取值建议参考现行国家标准《室外排水设计规范》GB 50014 的相关规定执行，主要是避免两个规范出现的数值不一致。

城市排水工程规划设计重现期的取值应从城市的视角出发，对于新建区域，应预测不同降雨重现期的防涝用地需求，并结合城市长远的发展规模，经技术经济比较后确定城市适宜的防涝系统设计重现期规划标准。既有建成区由于受城市竖向及用地空间的限制，城市防涝系统的构建已难以在地面上全部实现，不得不依赖或主要依赖于地下空间，这需要昂贵的建设、维护和运行成本。以这样的方式将既有建成区的排水安全防御能力普遍提到一个较高的水平，我国各城市在经济上目前都是很难支撑的。因此，既有建成区防涝系统的建设，需要根据积水可能造成的后果，经成本效益分析后确定其合适的标准。

5.2.6 雨水设计流量应采用数学模型法进行校核，并同步确定相应的径流量、不同设计重现期的淹没范围、水流深度及持续时间等。当汇水面积不超过 2km² 时，雨水设计流量可采用推理公式法按下式计算。

$$Q = q \times \Psi \times F \qquad (5.2.6)$$

式中：Q——雨水设计流量（L/s）；

q——设计暴雨强度 $[L/(s \cdot hm^2)]$；

Ψ——综合径流系数；

F——汇水面积（hm^2）。

【条文说明】

5.2.6 本条是关于雨水设计流量计算方法的规定。

本次规范修编提出采用数学模型法进行雨水设计流量计算，意在推动我国基础设施基础数据及降雨资料的积累和技术进步。

数学模型法是基于流域产汇流机制或水文过程线的一种计算方法。它能够模拟降雨及产汇流过程，直观、快速地对城市内涝灾害风险进行量化分析，还能够在城市雨水系统运营与管理中发挥重要作用。

我国目前采用恒定均匀流推理公式计算雨水设计流量。恒定均匀流推理公式基于以下假设：降雨在整个汇水面积上的分布是均匀的；降雨强度在选定的降雨时段内均匀不变；汇水面积随集流时间增长的速度为常数，因此，恒定均匀流推理公式适用于汇水面积较小的排水系统流量计算，当应用于较大面积的排水系统流量计算时，会产生一定误差。随着汇水面积的增加（汇水面积大于 $2km^2$），排水系统区域内往往存在地面渗透性能差异较大、降雨在时空上分布不均匀、管网汇流过程较为复杂等情况，发达国家已普遍采用数学模型模拟城市降雨及地表产汇流过程，模拟城市排水管网系统的运行特征，分析城市排水管网的运行规律，以便对排水管网的规划、设计和运行管理做出科学的决策。目前我国也有部分城市在规划设计过程中采用此方法，逐步积累了一些经验。当然，我国还有一些城市的基础数据尚不支持综合模拟，急需加强地下排水管网基础数据库的建立，并加强降雨资料的积累。

最早的排水管网模型是 1971 年在美国环境保护局（USEPA）的支持下，由梅特卡夫-埃迪公司（M&E）、美国水资源公司（WRE）和佛罗里达大学（UF）等联合开发的 SWMM 模型（Storm Water Management Model）。SWMM 曾在美国 20 多个城市使用，解决当地排水流域的水量、水质问题，并且在加拿大、欧洲和澳大利亚也有广泛应用，主要用于进行合流管道溢流的复杂水力分析，以及许多城市暴雨管理规划和污染消减等工程，在我国也有很多应用实践。随后，各种城市排水模型相继问世，包括美国的 ILLUDAS 模型（Illinois Urban Drainage Area Simulator）、美国陆军工程兵团水文工程中心开发的 STORM 模型（Storage Treatment Overflow Runoff Model）、英国沃林福特水力学研究公司（HR Wallingford）开发的 Infoworks 模型和丹麦水资源与水环境研究所（DHI）开发的 Mouse 模型等。

5.3　城市防涝空间

5.3.1　城市新建区域，防涝调蓄设施宜采用地面形式布置。建成区的防涝调蓄设施宜采用地面和地下相结合的形式布置。

【条文说明】

5.3.1　本条是对防涝调蓄设施形式的原则性规定。

地面式防涝调蓄设施和地下式防涝调蓄设施相比，在公共安全、排水安全保障和综合效益等方面都有相当的优势。因此，要求在城市新建区，首先采用地面的形式，保证调蓄空间的用地需求。但是，对于城市的既有建成区，在径流汇集的低洼地带不一定能有足够的地面调蓄空间，需要因地制宜的确定调蓄空间的建设形式，可采取地下或地下地上相结合的方式解决防涝设计重现期内的积水。防涝调蓄空间的布局应根据城市的用地条件以优先地面的原则确定。

5.3.2　具有防涝功能的用地宜进行多用途综合利用，但不得影响防涝功能。

【条文说明】

5.3.2　本条是关于城市防涝空间综合利用的规定。

保证城市防涝空间功能的正常发挥，是提高城市排水防涝能力的根本保证。城市防涝用地的大部分空间，是为了应对出现频率较小的强降雨而预留的，其空间使用具有偶然性和临时性的特点。因此，可以充分利用城市防涝空间用地建设临时性绿地、运动场地等（行洪通道除外），也可以利用处于低洼地带的绿地、开放式运动场地、学校操场等临时存放雨水，错峰排放，形成多用途综合利用效果。但必须说明的是城市防涝用地的首要功能是防涝，在其中的任何建设行为，都不能妨碍其防涝功能的正常发挥。

5.3.3　城市防涝空间规模计算应符合下列规定：

　　1　防涝调蓄设施（用地）的规模，应按照建设用地外排雨水设计流量不大于开发建设前或规定值的要求，根据设计降雨过程变化曲线和设计出水流量变化曲线经模拟计算确定。

2 城市防涝空间应按路面允许水深限定值进行推算。道路路面横向最低点允许水深不超过 30cm，且其中一条机动车道的路面水深不超过 15cm。

【条文说明】

5.3.3

1 本款是关于城市防涝空间蓄排能力协调确定的原则性规定。防涝调蓄设施的设置目的，主要是为了避免向下游排放的峰值流量过大而导致洪涝灾害风险的提高。按照开发建设前后外排设计流量不增加的原则确定调蓄设施的规模，基本可以将流域内因上游的城市化发展而对下游排水系统产生的影响控制在可接受的水平。因此，在确定防涝用地空间的规模时，应首先考虑下游地区行泄通道的承受能力，确定外排雨水设计流量，再确定超标雨水行泄通道的通行量，同时确定防涝调蓄设施的规模，二者相互协调，共同达到相应设计重现期的防御能力。由于防涝调蓄空间的使用具有偶然性和临时性，其有效调蓄容积的设计排空时间，可依据不同季节不同城市的降雨特征、水资源条件和排涝具体要求等确定，一般可采用 24h～72h 的区间值。

2 本款是关于城市防涝空间用地计算的边界条件。

本款对于城市道路路面水流最大允许深度的限制性规定，是城市防涝空间布局的量化推算依据：在发生防涝系统设计标准所对应的降雨时，城市道路路面水流最大深度超出相应限值的地点，应布置城市防涝用地空间或设施。

在降雨强度超出雨水管渠应对能力时，雨水径流已经不能及时由雨水排放系统排除，剩余水流会沿着路面或低地向下游不断汇集，对道路通行的影响及公众安全的威胁也不断增加。为将上述影响和威胁控制在可接受的程度，在发生防涝系统设计标准所对应的降雨时，应对道路路面水流的最大水深加以控制。本条标准引自美国科罗拉多州丹佛城市排水和洪水控制区的《城市雨水排水标准手册》（2008 年 4 月修订），考虑到我国城市开发建设强度一般都比美国丹佛等城市的开发强度高，道路两侧的场地标高暂时没有相应规范限定，出于安全考虑，同时，也是为了协调与《室外排水设计规范》GB 50014 相关规定的关系，增加了其中一条机动车道的路面积水深度不超过 15cm 的要求。

5.4　雨水泵站

5.4.1　当雨水无法通过重力流方式排除时，应设置雨水泵站。

5.4.2　雨水泵站宜独立设置，规模应按进水总管设计流量和泵站调蓄能力综合确定，规划用地指标宜按表 5.4.2 的规定取值。

表 5.4.2　雨水泵站规划用地指标

建设规模（L/s）	＞20000	10000～20000	5000～10000	1000～5000
用地指标（m² · s/L）	0.28～0.35	0.35～0.42	0.42～0.56	0.56～0.77

注：有调蓄功能的泵站，用地宜适当扩大。

【条文说明】

5.4.2　本条是关于雨水泵站设置及规划用地指标的规定。

由于泵站运行时产生的噪声，对周围环境有一定的影响，故雨水泵站宜独立设置。但对于一些与之相容较高的市政设施，例如污水泵站等，则可以考虑联合设置，以便节约土地资源和减轻对环境的影响。

雨水泵站的规划用地指标，宜根据其规模选取：规模大时偏下限取值，规模小时偏上限取值。

5.5　雨水径流污染控制

5.5.1　城市排水工程规划应提出雨水径流污染控制目标与原则，并应确定初期雨水污染控制措施，达到受纳水体的环境保护要求。

5.5.2　雨水径流污染控制应采取源头削减、过程控制、系统治理相结合的措施。处理处置设施的占地规模，应按规划收集的雨水量和水质确定。

【条文说明】

5.5.2　本条规定了初期雨水污染控制的相关措施。

对于城市雨水径流污染，应首先采用低影响开发的模式进行控制，通过蓄、滞、渗等生态处理方法，在场地源头利用植被、土壤的吸附和过滤等功能，对污染物进行削减；必要时，还可在适当位置设置处理设施对初期雨水进行处理，使排入受纳水体的污染物达到允许排放的标准。

初期雨水的收集量，目前还没有统一认识和相关科研成果的支持，不宜在国标中取定值。有条件的城市，可针对城市特点，采用模型法确定，建议在地方标准中加以规定。

6 合流制排水系统

6.5.1 合流制区域应优先通过源头减排系统的构建，减少进入合流制管道的径流量，降低合流制溢流总量和溢流频次。

6.5.2 合流制排水系统的溢流污水，可采用调蓄后就地处理或送至污水厂处理等方式，处理达标后利用或排放。就地处理应结合空间条件选择旋流分离、人工湿地等处理措施。

【条文说明】

6.5.2 本条规定合流制系统溢流污染的控制措施。

合流制排水系统溢流污染（Combined Sewer Overflows，CSOs）是造成是我国地表水污染的主要因素之一。合流制污水溢流是指随着降雨量的增加，雨水径流相应增加，当流量超过截流干管的输送能力时，部分雨污混合水经过溢流井或泵站排入受纳水体。

合流制溢流污水的处理方式有调蓄后就地处理和送至污水处理厂集中处理等方式。对溢流的合流污水就地处理可以在短时间内最大限度的去除可沉淀固体、漂浮物、细菌等污染物，经济实用且效果明显。合流制溢流污水送至污水厂集中处理，是利用非雨天污水厂的空余处理能力，不影响规划中污水厂规模的确定。

合流制调蓄池是合流制溢流污染控制的一项关键技术，目前已被多个国家采用。上海市在苏州河水环境综合整治过程中，针对合流制污水溢流污染问题，采取了提高截流倍数、建设地下调蓄池和优化运行调度管理等对策，取得了良好效果。

6.5.3　合流制排水系统调蓄设施宜结合泵站设置，在系统中段或末端布置，应根据用地条件、管网布局、污水处理厂位置和环境要求等因素综合确定。

【条文说明】

6.5.3　本条说明了合流制系统调蓄设施设置的位置。

合流制系统调蓄设施的规划应在现有设施的基础上，充分利用现有河道、池塘、人工湖、景观水池等设施建设调蓄池，以降低建设费用，取得良好的社会、经济和环境效益。调蓄池按照在排水系统中的位置不同，可分为末端调蓄池和中间调蓄池。末端调蓄池位于排水系统的末端，主要用于城市面源污染控制，如上海市合流污水治理一期工程成都北路调蓄池。中间调蓄池位于排水系统的起端或中间位置，可用于削减洪峰流量和提高雨水利用程度。

6.5.4　合流制排水系统调蓄设施的规模，应根据当地降雨特征、合流水量和水质、管道截流能力、汇水面积、场地空间条件和排放水体的水质要求等因素综合确定，计算方法按现行国家标准《室外排水设计规范》GB 50014 中的规定执行，占地面积应根据调蓄池的调蓄容量和有效水深确定。

【条文说明】

6.5.4　本条是关于合流制系统调蓄设施规模的规定。

合流制系统调蓄设施用于控制溢流污染时，调蓄容量应分析当地气候特征、排水体制、汇水面积、服务人口和受纳水体的水质要求、流量、稀释与自净能力，对当地降雨特性参数进行统计分析，加以确定。

德国、日本、美国、澳大利亚等国家均将雨水调蓄池作为合流制排水系统溢流污染控制的主要措施。德国设计规范《合流污水箱涵暴雨削减装置指针》ATV A128 中以合流制排水系统排入水体负荷不大于分流制排水系统为目标，根据降雨量、地面径流污染负荷、旱流污水浓度等参数确定雨水调蓄池容积。

7 监控与预警

7.0.1 城市雨水、污水系统应设置监控系统。在排水管网关键节点宜设置液位、流量和水质的监测设施。

【条文说明】

7.0.1 本条是关于城市雨水、污水系统的监控预警的规定。

为实现城市排水系统的灾情预判、应急处置、辅助决策等功能，有条件的城市宜设置城市雨水、污水监控系统，实时监测城市排水管网内的水位、流量等情况。接入河道、湖泊的排出口是城市排水管网系统的末端，也是雨水、污水处理厂出厂水入河、湖的关键节点，此处设置流量和水质监测装置，可以起到事半功倍的作用。

7.0.2 城市雨水工程规划和污水工程规划应确定重点监控区域，提出监控内容和要求。污水工程专项规划应提出再生水系统、污泥系统的监控内容和要求。

【条文说明】

7.0.2 本条规定监控内容和要求。

城市雨水、污水工程规划应将内涝易发区、管网流量瓶颈管段、合流制溢流口等易发生水量超载及水质污染的区域确定为重点监控区域，并对其管网及设施的规划建设提出相应要求，从而提高城市排水系统的安全性和可靠性。

7.0.3 应根据城市内涝易发点分布及影响范围，对城市易涝点、易涝地区和重点防护区域进行监控。

5 室外排水设计规范 GB 50014

本次局部修订的主编单位、参编单位、主要审查人：

主 编 单 位：上海市政工程设计研究总院（集团）有限公司

参 编 单 位：北京市市政工程设计研究总院

天津市市政工程设计研究院

中国市政工程中南设计研究总院有限公司

中国市政工程西南设计研究总院

中国市政工程东北设计研究总院

中国市政工程西北设计研究院有限公司

中国市政工程华北设计研究总院

主要审查人：俞亮鑫　王洪臣　羊寿生　杭世珺　张建频

张善发　杨　凯　章非娟　查眉娉

5.1 修 订 说 明

本次局部修订是根据住房和城乡建设部《关于印发 2016 年工程建设标准规范制定、修订计划的通知》（建标函 [2015] 274 号）的要求，由上海市政工程设计研究总院（集团）有限公司会同有关单位对《室外排水设计规范》GB 50014—2006（2014 年版）进行修订而成。

本次修订的主要技术内容是：在宗旨目的中补充规定推进海绵城市建设；补充了超大城市的雨水管渠设计重现期和内涝防治设计重现期的标准等。

5.2 主要修订条款（局部修订）

1 总　　则

【原条文】

1.0.1 为使我国的排水工程设计贯彻科学发展观，符合国家的法律法规，达到防治水污染，改善和保护环境，提高人民健康水平和保障安全的要求，制定本规范。

【修改条文】

1.0.1 为使我国的排水工程设计贯彻科学发展观，符合国家的法律法规，推进海绵城市建设，达到防治水污染，改善和保护环境，提高人民健康水平和保障安全的要求，制定本规范。

3 设计流量和设计水质

3.2 雨 水 量

【原条文】

3.2.4 雨水管渠设计重现期，应根据汇水地区性质、城镇类型、地形特点和气候特征等因素，经技术经济比较后按表 3.2.4 的规定取值，并应符合下列规定：

　　1 经济条件较好，且人口密集、内涝易发的城镇，宜采用规定的上限。

　　2 新建地区应按本规定执行，既有地区应结合地区改建、道路建设等更新排水系统，并按本规定执行。

　　3 同一排水系统可采用不同的设计重现期。

【修改条文】

3.2.4 雨水管渠设计重现期，应根据汇水地区性质、城镇类型、地形特点和气候特征等因素，经技术经济比较后按表 3.2.4 的规定取值，并应符合下列规定：

　　1 人口密集、内涝易发且经济条件较好的城镇，宜采用规定的上限；

　　2 新建地区应按本规定执行，既有地区应结合地区改建、道路建设等更新排水系统，并按本规定执行；

　　3 同一排水系统可采用不同的设计重现期。

表 3.2.4 雨水管渠设计重现期（年）

城区类型 城镇类型	中心城区	非中心城区	中心城区的 重要地区	中心城区地下通道和 下沉式广场等
超大城市和特大城市	3～5	2～3	5～10	30～50
大城市	2～5	2～3	5～10	20～30
中等城市和小城市	2～3	2～3	3～5	10～20

注：1 按表中所列重现期设计暴雨强度公式时，均采用年最大值法；

2 雨水管渠应按重力流、满管流计算；

3 超大城市指城区常住人口在 1000 万以上的城市；特大城市指城区常住人口 500 万以上 1000 万以下的城市；大城市指城区常住人口 100 万以上 500 万以下的城市；中等城市指城区常住人口 50 万以上 100 万以下的城市；小城市指城区常住人口在 50 万以下的城市（以上包括本数，以下不包括本数）。

【条文说明】

3.2.4 规定雨水管渠设计重现期的选用范围。

雨水管渠设计重现期，应根据汇水地区性质、城镇类型、地形特点和气候特征等因素，经技术经济比较后确定。原《室外排水设计规范》GB 50014—2006（2011 年版）中虽然将一般地区的雨水管渠设计重现期调整为 1 年～3 年，但与发达国家相比较，我国设计标准仍偏低。

表 3 为我国目前雨水管渠设计重现期与发达国家和地区的对比情况。美国、日本等国在城镇内涝防治设施上投入较大，城镇雨水管渠设计重现期一般采用 5 年～10 年。美国各州还将排水干管系统的设计重现期规定为 100 年，排水系统的其他设施分别具有不同的设计重现期。日本也将设计重现期不断提高，《日本下水道设计指南》（2009 年版）中规定，排水系统设计重现期在 10 年内应提高到 10 年～15 年。所以本次修订提出按照地区性质和城镇类型，并结合地形特点和气候特征等因素，经技术经济比较后，适当提高我国雨水管渠的设计重现期，并与发达国家和地区的标准基本一致。

本次修订中表 3.2.4 的城镇类型根据 2014 年 11 月 20 日国务院下发的《国务院关于调整城市规模划分标准的通知》（国发[2014] 51 号）进行调整，增加超大城市。城镇类型按城区常住人口划分为"超大城市和特大城市"、"大城市"和"中等城市和小城市"。城区类型则分为"中心城区"、"非中心城区"、"中心城区的重要地区"和"中心城区的地下通道和下沉式广场"。其中，中心城区重要地区主要指行政中心、交通枢纽、学校、医院和商业聚集区等。

根据我国目前城市发展现状，并参照国外相关标准，将"中心城区地下通道和下沉式广场等"单独列出。以德国、美国为例，德国给水废水和废弃物协会（ATV-DVWK）推荐的设计标准（ATV-A118）中规定：地下铁道/地下通道的设计重现期为 5 年～20 年。我国上海市虹桥商务区的规划中，将下沉式广场的设计重现期规定为 50 年。由于中心城区地下通道和下沉式广场的汇水面积可以控制，且一般不能与城镇内涝防治系统相结合，因此采用的设计重现期应与内涝防治设计重现期相协调。

表 3 我国当前雨水管渠设计重现期与发达国家和地区的对比

国家（地区）	设计暴雨重现期
中国大陆	一般地区 1 年～3 年、重要地区 3 年～5 年、特别重要地区 10 年
中国香港	高度利用的农业用地 2 年～5 年；农村排水，包括开拓地项目的内部排水系统 10 年；城市排水支线系统 50 年
美国	居住区 2 年～15 年，一般取 10 年。商业和高价值地区 10 年～100 年
欧盟	农村地区 1 年、居民区 2 年、城市中心/工业区/商业区 5 年
英国	30 年
日本	3 年～10 年，10 年内应提高至 10 年～15 年
澳大利亚	高密度开发的办公、商业和工业区 20 年～50 年；其他地区以及住宅区为 10 年；较低密度的居民区和开放地区为 5 年
新加坡	一般管渠、次要排水设施、小河道 5 年一遇，新加坡河等主干河流 50 年～100 年一遇，机场、隧道等重要基础设施和地区 50 年一遇

3.2.4B 内涝防治设计重现期，应根据城镇类型、积水影响程度和内河水位变化等因素，经技术经济比较后确定，应按表 3.2.4B 的规定取值，并应符合下列规定：

1 人口密集、内涝易发且经济条件较好的城镇，宜采用规定的上限；

2 目前不具备条件的地区可分期达到标准；

3 当地面积水不满足表 3.2.4B 的要求时，应采取渗透、调蓄、设置雨洪行泄通道和内河整治等措施；

4 对超过内涝设计重现期的暴雨，应采取应急措施。

表 3.2.4B 内涝防治设计重现期

城镇类型	重现期(年)	地面积水设计标准
超大城市	100	1 居民住宅和工商业建筑物的底层不进水;
特大城市	50~100	
大城市	30~50	2 道路中一条车道的积水深度不超过 15cm
中等城市和小城市	20~30	

注: 1 表中所列设计重现期适用于采用年最大值法确定的暴雨强度公式。
    2 超大城市指城区常住人口在 1000 万以上的城市;特大城市指城区常住人口 500 万以上 1000 万以下的城市;大城市指城区常住人口 100 万以上 500 万以下的城市;中等城市指城区常住人口 50 万以上 100 万以下的城市;小城市指城区常住人口在 50 万以下的城市(以上包括本数,以下不包括本数)。
    3 本规范规定的地面积水设计标准没有包括具体的积水时间,各城市应根据地区重要性等因素,因地制宜确定地面积水时间。

【条文说明】

3.2.4B 规定内涝防治设计重现期的选用范围。

城镇内涝防治的主要目的是将降雨期间的地面积水控制在可接受的范围。鉴于我国还没有专门针对内涝防治的设计标准,本规范表 3.2.4B 列出了内涝防治设计重现期和积水深度标准,用以规范和指导内涝防治设施的设计。

本次修订根据 2014 年 11 月 20 日国务院下发的《国务院关于调整城市规模划分标准的通知》(国发〔2014〕51 号)调整了表 3.2.4B 的城镇类型划分,增加了超大城市。

表 3.2.4B"地面积水设计标准"中的道路积水深度是指靠近路拱处的车道上最深积水深度。当路面积水深度超过 15cm 时,车道可能因机动车熄火而完全中断,因此表 3.2.4B 规定每条道路至少应有一条车道的积水深度不超过 15cm。发达国家和我国部分城市已有类似的规定,如美国丹佛市规定:当降雨强度不超过 10 年一遇时,非主干道路(collector)中央的积水深度不应超过 15cm,主干道路和高速公路的中央不应有积水;当降雨强度为 100 年一遇时,非主干道路中央的积水深度不应超过 30cm,主干道路和高速公路中央不应有积水。上海市关于市政道路积水的标准是:路边积水深度大于 15cm(即与道路侧石齐平),或道路中心积水时间大于 1h,积水范围超过 50m^2。

6 建筑与小区雨水控制及利用工程技术规范 GB 50400

本规范主编单位：中国建筑设计院有限公司
江苏扬安集团有限公司
本规范参编单位：北京泰宁科创科技有限公司
北京市水利科学研究院
中国中元兴华工程公司
解放军总后勤部建筑工程规划设计研究院
北京建筑大学
山东建筑大学
北京工业大学
重庆大学
中国建筑西北设计研究院有限公司
大连市建筑设计研究院有限公司
深圳华森建筑与工程设计顾问有限公司
积水化学工业株式会社北京代表处
北京恒动环境技术有限公司
北京仁创科技集团有限公司
佛山威文管道系统有限公司
江苏河马井股份有限公司
捷流技术工程（广州）有限公司
亚科排水科技（上海）有限公司
江苏劲驰环境工程有限公司
本规范主要起草人员：赵　锂　赵世明　李幼杰　王耀堂
杨　澎　毛俊琦　刘　鹏　高　峰
赵　昕　白红卫　朱跃云　徐志通
彭志刚　张书函　黄晓家　王冠军
汪慧贞　孟德良　吴　珊　柴宏祥

	王　研	王可为	周克晶	陈建刚
	刘　可	曹玉冰	陈　雷	陈梅娟
	何　健	周敏伟	艾　旭	赵万里
	吴崇民	刘　旸		
本规范主要审查人员：	姜文源	任向东	章林伟	王　峰
	郑克白	刘建华	曾　捷	徐　凤
	刘巍荣	孙　钢	黄建设	

6.1 修订说明

规范原名称《建筑与小区雨水利用工程技术规范》GB 50400—2006，自 2007 年 4 月 1 日起实施，是我国第一本关于雨水控制利用的国家规范。2013 年 9 月，启动修编工作。修编工作加强了雨水控制内容，相关条款数量增加一倍，同时贯彻海绵城市建设。

本规范修订的主要技术内容是：

（1）规范名称改为《建筑与小区雨水控制及利用工程技术规范》；

（2）补充与海绵城市建设相关的术语、技术要求及控制目标；

（3）取消原规范中屋面雨水收集系统的内容；

（4）补充了生物滞留设施的技术要求与参数；补充了透水铺装设施蓄水性能的规定；

（5）增加了储蓄设施的种类；

（6）补充了雨水净化处理工艺；

（7）补充了景观水体和湿塘等调蓄排放设施的技术要求；

（8）调整了雨量计算公式中建设场地外排径流系数的限定值；

（9）增加了收集回用系统雨水储存设施的容积计算公式；

（10）增加了入渗和回用组合系统计算公式；

（11）增加了入渗、收集回用、调蓄排放三系统组合计算公式；

（12）增加了场地雨水控制利用率计算公式；

（13）增加了建设场地外排雨水总量计算公式；

（14）增加了拼装水池设计、施工及验收的规定。

6.2 主要修订条款（全文修订）

1 总 则

【原条文】

1.0.1 为实现雨水资源化，节约用水，修复水环境与生态环境，减轻城市洪涝，使建筑与小区雨水利用工程做到技术先进、经济合理、安全可靠，制定本规范。

【修改条文】

1.0.1 为构建城镇源头雨水低影响开发系统，建设或修复水环境与生态环境，实现源头雨水的径流总量控制、径流峰值控制和径流污染控制，使建筑、小区与厂区的低影响开发雨水系统工程做到技术先进、经济合理、安全可靠，制定本规范。

【条文说明】

1.0.1 城市雨水控制及利用的必要性包括：（1）维护自然界水循环环境的需要。城市化造成的地面硬化（如建筑屋面、路面、广场、停车场等）改变了原地面的水文特性。地面硬化之前正常降雨形成的地面径流量与雨水入渗量之比约为 2：8；地面硬化后二者比例变为 8：2。地面硬化干扰了自然的水文循环，大量雨水流失，城市地下水从降水中获得的补给量逐年减少。以北京为例，20 世纪 80 年代地下水年均补给量比 20 世纪 60 年代、70 年代减少了约 2.6 亿 m^3。使得地下水位下降现象加剧。（2）节水的需要。我国城市缺水问题却越来越严重，全国 600 多个城市中，有 300 多个缺水，严重缺水的城市有 100 多个，且均呈递增趋势，以至国家花费巨资搞城市调水工程。（3）修复城市生态环境的需要。城市化造成的地面硬化还使土壤含水量减少，热岛效应加剧，水分蒸发量下降，空气干燥。这造成了城市生态环境的恶化。比如，北京城区年平均气温比郊区偏高 1.1～1.4℃，空气明显比郊区干燥。6～9 月的降雨量城区比郊区偏大 7%～13%。（4）抑制城市洪涝的需要。城市化使原有植被和土壤被不透水地面替代，加速了雨水向城市各条河道的汇集，使洪峰流量迅速形成。呈现出城市越大、给水排水设施越完备、水涝灾害越严重的怪象。降雨量和降雨类型相似的条件下，20世纪80年代北京城区的径流洪峰流量是50年代的2倍。70年代前，市降雨量大于60mm时，乐家园水文站测得的洪峰流量才100m³/s，而近年来城区平均降雨量近30mm时，洪峰流量即高达100m³/s以上。雨洪径流量加大还使交通路面频繁积水，影响正常生活。发达国家城市化导致的水文生态失衡、洪涝灾害频发问题在20世纪50年代就明显化。德国政府有意用各种就地处理雨水的措施取代传统排水系统概念。日本建设省倡议，要求开发区中引入就地雨水处理系统。通过滞留雨水，减少峰值流量与延缓汇流时间达到减少水涝灾害目的，并利用雨水作为中水的水源。

雨水控制及利用的作用：城市雨水控制及利用，是通过雨水入渗调控和地表（包括屋面）径流调控，实现雨水的资源化，使水文循环向着有利于城市生活的方向发展。城市雨水控制及利用有几个方面的功能：一为节水功能。用雨水冲洗厕所、浇洒路面、浇灌草坪、水景补水，甚至用于循环冷却水和消防水，可节省城市自来水；二为水及生态环境修复功能。强化雨水的雨水入渗增加土壤的含水量，甚至利用雨水回灌提升地下水的水位，可改善水环境乃至生态环境；三为雨洪调节功能。土壤的雨水入渗量增加和雨水径流的存储，都会减少进入雨水排除系统的流量，从而提高城市排洪系统的可靠性，减少城市洪涝。

建筑与小区雨水控制及利用是建筑水综合利用中的一种新的系统工程，具有良好的节水效能和环境生态效益。目前我国城市水荒日益严重，与此同时，健康住宅、生态住区正迅猛发展，建筑与小区雨水控制及利用系统，以其良好的节水效益和环境生态效益适应了城市的现状与需求，具有广阔的应用前景。

城市雨水控制及利用技术向全国推广后，第一，将推动我国城市雨水控制及利用技术及其产业的发展，使我国的雨水控制及利用从农业生产供水步入生态供水的高级阶段；第二，将为我国的城市节水行业开辟出一个新的领域；第三，将实现我国给水排水领域的一个重要转变，把快速排除城市雨洪变为降雨地下渗透、储存调节，修复城市雨水循环途径；第四，将促进健康住宅、生态住区的发展，促进我国城市向生态城市转化，增强我国建筑业在世界范围的竞争力。

雨水控制及利用的可行性：建筑与小区占据着城区近70%的面积，并且是城市雨水排水系统的起始端。建筑与小区雨水控制及利用是城市雨洪利用工程的重要组成部分，对城市雨水控制及利用的贡献效果明显，并且相对经济。城市雨洪利用需要首先解决好建筑与小区的雨水控制及利用。对于一个多年平均降雨量600mm的城市来说，建筑与小区拥有约300mm左右的降水可以利用，而以往这部分资源被排走浪费掉了。

雨水控制及利用首先是一项环境工程，城市开发建设的同时需要投资把受损的环境给以修复，这如同任何一个大型建设工程的上马需要同时投资治理环境一样，城市开发需要关注的环境包括水文循环环境。

雨水控制及利用工程中的收集回用系统还能获取直接的经济效益。据测算，回用雨水的运行成本要低于再生污水——中水，总成本低于异地调水的成本。因此，雨水收集回用在经济上是可行的。特别是自来水价高的缺水城市，雨水回用的经济效益比较明显。

城市雨洪利用技术在一些发达国家已开展几十年，如日本、德国、美国等。日本建设省在1980年起就开始在城市中推行储留渗透计划，并于1992年颁布"第二代城市下水总体规划"，规定新建和改建的大型公共建筑群必须设置雨水就地下渗设施。美国的一些州在20世纪70年代就制定了雨水控制及利用方面的条例，规定新开发区必须就地滞洪蓄水，外排的暴雨洪峰流量不能超过开发前的水平。德国1989年出台了雨水控制及利用设施标准（DIN 1989），规定新建或改建开发区必须考虑雨水控制及利用系统。国外城市雨水控制及利用的开展充分证明了该技术的必要性和有效性。

【原条文】

1.0.3 雨水资源应根据当地的水资源情况和经济发展水平合理利用。

【修改条文】

1.0.3 雨水控制及利用工程应根据项目的具体情况、当地的水资源状况和经济发展水平合理采用低影响开发雨水系统的各项技术。

【条文说明】

1.0.3 任何一个城市，几乎都会造成不透水地面的增加和雨水的流失。从维护自然水文循环环境的角度出发，所有城市都有必要对因不透水面增加而产生的流失雨水进行拦蓄，加以间接或直接利用。然而，我国的城市雨水控制及利用是在起步阶段，且经济水平尚处于"发展是硬道理"的时期，现实的方法应该是部分城市或区域首先开展雨水控制及利用。这部分城市或区域应具备以下条件：水文循环环境受损较为突出或具有经济实力。具体表现特征如下：

1）水资源缺乏城市。城市水资源缺乏特别是水量缺乏，是水文循环环境受损的突出表现。这类城市雨水控制及利用的需求强烈，且较高的自来水水价使雨水控制及利用的经济优势凸显。

2）地下水位呈现下降趋势的城市。城市地下水位下降表明水文循环环境已受到明显损害，且现有水源已经处于过度开采，尽管这类城市有时尚未表现出缺水。

3）城市洪涝和排洪负担加剧的城市。城市洪涝和排洪负担加剧，是由城区雨水的大量流失而致。在这里，水循环受到严重干扰的表现为给城市居民的正常生活带来不便甚至损害。

4）新建经济开发区或厂区。这类区域是以发展经济、追逐经济利润为目标而开发的。经济活动获取利润不应以牺牲包括雨水自然循环的环境为代价。因此，新建经济开发区，不论是处于缺水地区还是非缺水地区，其经济活动都有必要、有责任维护雨水自然循环的环境不被破坏，通过设置雨水控制及利用工程把开发区内的雨水排放径流量维持在开发前的水平。新建经济开发区或厂区，建设项目是通过招商引资程序进入的，投资商完全有经济实力建设雨水控制及利用工程。即使对投资商给予优惠，也不应优惠在免除雨水控制及利用设施的建设上。

【新增条文】

1.0.4　雨水控制及利用工程可采用渗、滞、蓄、净、用、排等技术措施。

【条文说明】

1.0.4　所列技术引自住房和城乡建设部印发的《海绵城市建设技术指南》。"渗"的技术，在第 6 章（雨水入渗）中具体落实。"滞"的技术，在第 9 章（调蓄排放）章中具体落实：不透水硬化面的雨水收集到调蓄设施中，缓慢的排放或者雨后再排放；另外在第 6 章中也有落实：雨水先在入渗设施中储存，然后慢慢入渗。"蓄"的技术在第 6 章、第 7 章（雨水储存与回用）、第 9 章中具体落实，并在第 4.3 节做了量化规定，入渗、收集回用、调蓄排放都需要首先蓄存雨水；"净、用"的技术在第 7 章和第 8 章中具体落实；"排"的技术在第 5.4 节（雨水排除）中具体落实。

【新增条文】

1.0.5　规划和设计阶段文件应包括雨水控制及利用内容。雨水控制及利用设施应与项目主体工程同时规划设计，同时施工，同时使用。

【条文说明】

1.0.5　本条为强制性条文。雨水控制及利用设施与项目用地建设密不可分，甚至其本身就是场地建设的组成部分。比如，景观水体的雨水储存、绿地洼地渗透设施、透水地面、渗透管沟、入渗井、入渗池（塘）以及地面雨水径流的竖向组织等，因此，建设用地内的雨水控制及利用系统在项目建设的规划和设计阶段就需要考虑和包括进去，这样才能保证雨水控制及利用系统的合理和经济，奠定雨水控制及利用系统安全有效运行的基础。同时，该规划和设计也更接近实际，容易落实。

2 术语和符号

2.1 术 语

【原条文】

2.1.1 雨水利用 rain utilization

雨水入渗、收集回用、调蓄排放等的总称。

【修改条文】

2.1.1 雨水控制及利用 rainwater management and utilization

径流总量、径流峰值、径流污染控制设施的总称，包括雨水入渗（渗透）、收集回用、调蓄排放等。

【条文说明】

2.1.1 雨水控制与利用包括 3 个方面的内容：入渗利用，增加土壤含水量，有时又称间接利用；收集后净化回用，替代自来水，有时又称直接利用；先蓄存后排放，单纯削减雨水高峰流量。雨水控制及利用使雨水通过渗、滞、蓄、净、用、排等技术措施实现雨水的良性循环。

【新增条文】

2.1.2 年径流总量控制率 volume capture ratio of annual rainfall

根据多年日降雨量统计分析计算，场地内累计全年得到控制的雨量占全年总降雨量的百分比。

【新增条文】

2.1.3 需控制及利用的雨水径流总量 volume capture to manage

地面硬化后常年最大 24h 降雨产生的径流增量。

【新增条文】

2.1.15 透水铺装 pervious pavement

由透水面层、基层、底基层等构成的地面铺装结构，能储存、渗透自身承接的降雨。

【新增条文】

2.1.16 植被浅沟 grass swale

在地表浅沟中种植植被，可以截留雨水并入渗，或转输雨水并利用植被净化雨水的设施。

【新增条文】

2.1.17 渗透管沟 infiltration trench

具有渗透功能的雨水管或沟。

【新增条文】

2.1.23 生物滞留设施 bioretention system，bioretention cell

通过植物、土壤和微生物系统滞蓄、渗滤、净化径流雨水的设施。

3 水量与水质

3.1 降雨量和雨水水质

【原条文】

3.1.1 降雨量应根据当地近期 10 年以上降雨量资料确定。当资料缺乏时可参考附录 A。

【修改条文】

3.1.1 降雨量应根据当地近期 20 年以上降雨量资料确定。当缺乏资料时可采用本规范附录 A 的数值。

【条文说明】

3.1.1 各雨量数据或公式参数通过近 20 年以上的降雨量资料整理才更具代表性，据此设计的雨水控制及利用工程才更接近实际。附录 A 的降雨资料来源于：《中国主要城市降雨雨强分布和 K_u 波段的降雨衰减》（孙修贵主编，气象出版社出版）、《中国暴雨》

（王家祁主编，中国水利水电出版社）和《建筑与小区雨水利用工程技术规范实施指南》（中国建筑工业出版社，2008 年）。

【新增条文】

3.1.2 建设用地内应对年雨水径流总量进行控制，控制率及相应的设计降雨量应符合当地海绵城市规划控制指标要求。

【条文说明】

3.1.2 对我国近 200 个城市 1983 年～2012 年日降雨量统计分析，分别得到各城市年径流总量控制率及其对应的设计降雨量值关系。基于上述数据分析，《海绵城市建设技术指南》将我国大陆地区大致分为五个区，并给出了各区年径流总量控制率 α 的最低和最高限值，即 Ⅰ 区（$85\% \leqslant \alpha \leqslant 90\%$）、Ⅱ 区（$80\% \leqslant \alpha \leqslant 85\%$）、Ⅲ 区（$75\% \leqslant \alpha \leqslant 85\%$）、Ⅳ 区（$70\% \leqslant \alpha \leqslant 85\%$）、Ⅴ 区（$60\% \leqslant \alpha \leqslant 85\%$）。各地应参照此限值，因地制宜地确定本地区径流总量控制目标。

《海绵城市建设技术指南》还给出了与年径流总量控制率相对应的控制降雨量，见表 1，作为雨水控制利用工程设置的技术参数。

表 1　我国部分城市年径流总量控制率对应的设计降雨量值一览表

城市	不同年径流总量控制率对应的设计降雨量（mm）				
	60%	70%	75%	80%	85%
酒泉	4.1	5.4	6.3	7.4	8.9
拉萨	6.2	8.1	9.2	10.6	12.3
西宁	6.1	8.0	9.2	10.7	12.7
乌鲁木齐	5.8	7.8	9.1	10.8	13.0
银川	7.5	10.3	12.1	14.4	17.7
呼和浩特	9.5	13.0	15.2	18.2	22.0
哈尔滨	9.1	12.7	15.1	18.2	22.2
太原	9.7	13.5	16.1	19.4	23.6
长春	10.6	14.9	17.8	21.4	26.6

城市	不同年径流总量控制率对应的设计降雨量（mm）				
	60%	70%	75%	80%	85%
昆明	11.5	15.7	18.5	22.0	26.8
汉中	11.7	16.0	18.8	22.3	27.0
石家庄	12.3	17.1	20.3	24.1	28.9
沈阳	12.8	17.5	20.8	25.0	30.3
杭州	13.1	17.8	21.0	24.9	30.3
合肥	13.1	18.0	21.3	25.6	31.3
长沙	13.7	28.5	21.8	26.0	31.6
重庆	12.2	17.4	20.9	25.5	31.9
贵阳	13.2	18.4	21.9	26.3	32.0
上海	13.4	18.7	22.2	26.7	33.0
北京	14.0	19.4	22.8	27.3	33.6
郑州	14.0	19.5	23.1	27.8	34.3
福州	14.8	20.4	24.1	28.9	35.7
南京	14.7	20.5	24.6	29.7	36.6
宜宾	12.9	19.0	23.4	29.1	36.7
天津	14.9	20.9	25.0	30.4	37.8
南昌	16.7	22.8	26.8	32.0	38.9
南宁	17.0	23.5	27.9	33.4	40.4
济南	16.7	23.2	27.7	33.5	41.3
武汉	17.6	24.5	29.2	35.2	43.3
广州	18.4	25.2	29.7	35.5	43.4
海口	23.5	33.1	40.0	49.5	63.4

【原条文】

4.2.1 雨水设计径流总量和设计流量的计算应符合下列要求：

　　1 雨水设计径流总量应按下式计算：

$$W = 10\Psi_c h_y F \qquad (4.2.1\text{-}1)$$

式中　W——雨水设计径流总量（m³）；

　　　　Ψ_c——雨量径流系数；

　　　　h_y——设计降雨厚度（mm）；

F——汇水面积（hm²）。

2 雨水设计流量应按下式计算：

$$Q = \Psi_m q F \qquad (4.2.1-2)$$

式中 Q——雨水设计流量（L/s）；

Ψ_m——流量径流系数；

q——设计暴雨强度 [L/(s·hm²)]。

【修改条文】

3.1.3 建设用地内应对雨水径流峰值进行控制，需控制利用的雨水径流总量应按下式计算。当水文及降雨资料具备时，也可按多年降雨资料分析确定。

$$W = 10(\Psi_c - \Psi_0)h_y F \qquad (3.1.3)$$

式中 W——需控制及利用的雨水径流总量（m³）；

Ψ_c——雨量径流系数；

Ψ_0——控制径流峰值所对应的径流系数，应符合当地规划控制要求；

h_y——设计日降雨量（mm）；

F——硬化汇水面面积（hm²），应按硬化汇水面水平投影面积计算。

【条文说明】

3.1.3 雨水控制利用工程除了控制年径流总量之外，还需要对径流峰值进行控制。公式（3.1.3）用于计算为控制常年最高日降雨径流峰值所需要的雨水径流控制量，它是地面硬化后所产生的径流增量。

需控制的径流量 W 是确定雨水控制利用工程规模的基础数据。工程中需要配置的雨水蓄存设施容积、入渗面积、雨水用户数量等都以此数据为依据。另外，W 是设计重现期内的最大日降雨径流总量，不是年、月降雨量。

式（3.1.3）中的数字 10 为单位换算系数。外排径流系数限定值 Ψ_0 一般由区域规划确定，建筑项目设计中执行，其值因具体工程而异；当规划没有给出这个限值时，可取 0.2～0.4。

　　雨水控制利用系统首先要对雨水进行收集，其收集对象应是硬化面上的雨水。非硬化面如草地上降落的雨水不属于收集对象，主要理由是：一、草地上降落的雨水，其产生的径流接近于自然下垫面雨水径流，没有必要进行控制；二、把草地作为雨水收集面，其收集效率很低。当然，硬化面上的雨水可汇入植草沟、下凹绿地甚至普通绿地等，利用植物对水质进行净化，然后再收集净化后的雨水进入收集回用系统。

【原条文】

4.2.3　设计降雨厚度应按本规范第 3.1.1 条的规定确定，设计重现期和降雨历时应根据本规范各雨水利用设施条款中具体规定的标准确定。

【修改条文】

3.1.5　设计日降雨量应按常年最大 24h 降雨量确定，可按本规范第 3.1.1 条的规定或按当地降雨资料确定，且不应小于当地年径流总量控制率所对应的设计降雨量。

【条文说明】

3.1.5　本条规定了需控制利用的雨水量 W 按常年（约重现期 2年）最大 24h 降雨量 h_y 计。重现期取值越高，则日降雨量越大，计算出的雨水控制量越大，从而工程规模越大。反之，重现期越小，则工程规模越小。常年最大 24h 降雨是表征水文特征的重要参数，针对该雨量控制径流峰值得到的效果，也具有典型性和代表性。

　　雨水控制利用工程，是对径流总量和径流峰值都要控制。年径流总量控制率所对应的设计降雨量见表 1。一般而言，h_y 不会小于表 1 中的值。这样，针对 h_y 控制径流量，既满足径流峰值控制要求，又达到年径流总量控制率的要求。

【新增条文】

3.1.6　硬化汇水面面积应按硬化地面、非绿化屋面、水面的面积之和计算，并应扣减透水铺装地面面积。

【条文说明】

3.1.6 硬化汇水面面积 F 含工程范围内所有的非绿化屋面、不透水地（表）面、水面等，不含绿地、透水铺装地面或常年径流系数约小于 0.30 或小于 Ψ_0 的下垫面，也不含地下室顶板上的绿地、透水铺装。

【新增条文】

3.1.8 排入市政雨水管道的污染物总量宜进行控制。排入城市地表水体的雨水水质应满足该水体的水质要求。

【条文说明】

3.1.8 本条是对雨水排放水质的原则规定。目前我国对雨水的排放还没有专门的水质标准，特别是排入城市雨水道的雨水。对于排放到地面水体的雨水，则应按水体的类别控制雨水的水质。目前雨水排放的水质控制方法主要是对前期雨水的截流，并尽量入渗在小区土壤中，这样就减少了雨水中大部分的污染物排放。另外，控制雨水减少外排量的同时也实现了污染物减量外排。

3.2　雨水资源化利用量和水质

【原条文】

3.2.5 处理后的雨水水质根据用途确定，COD_{Cr} 和 SS 指标应满足表 3.2.5 的规定，其余指标应符合国家现行相关标准的规定。

表 3.2.5　雨水处理后 COD_{Cr} 和 SS 指标

项目指标	循环冷却系统补水	观赏性水景	娱乐性水景	绿化	车辆冲洗	道路浇洒	冲厕
COD_{Cr}(mg/L)≤	30	30	20	30	30	30	30
SS(mg/L)≤	5	10	5	10	5	10	10

【修改条文】

3.2.4 回用雨水集中供应系统的水质应根据用途确定，COD_{Cr} 和

SS 指标应符合表 3.2.4 的规定，其余指标应符合国家现行相关标准的规定。

表 3.2.4 回用雨水 COD_{Cr} 和 SS 指标

项目指标	循环冷却系统补水	观赏性水景	娱乐性水景	绿化	车辆冲洗	道路浇洒	冲厕
$COD_{Cr}(mg/L)$	≤30	≤30	≤20	—	≤30	—	≤30
$SS(mg/L)$	≤5	≤10	≤5	≤10	≤5	≤10	≤10

【原条文】

6.3.1 渗透设施的渗透量应按下式计算：

$$W_s = \alpha K J A_s t_s \tag{6.3.1}$$

式中 W_s——渗透量（m^3）；

α——综合安全系数，一般可取 0.5～0.8；

K——土壤渗透系数（m/s）；

J——水力坡降，一般可取 $J=1.0$；

A_s——有效渗透面积（m^2）；

t_s——渗透时间（s）。

【修改条文】

3.2.6 渗透设施的日雨水渗透（利用）量应按下式计算：

$$W_s = \alpha K J A_s t_s \tag{3.2.6}$$

式中 W_s——渗透量（m^3）；

α——综合安全系数，一般可取 0.5～0.8；

K——土壤渗透系数（m/s）；

J——水力坡降，一般可取 $J=1.0$；

A_s——有效渗透面积（m^2）；

t_s——渗透时间（s），按 24h 计。

【条文说明】

3.2.6

本条公式用于计算渗透设施的日（24h）渗透雨量，此外，也可根据需要渗透的雨水设计量计算所需要的有效渗透面积。

4 雨水控制及利用系统设置

4.1 一般规定

【原条文】

4.1.5 雨水利用系统的规模应满足建设用地外排雨水设计流量不大于开发建设前的水平或规定的值，设计重现期不得小于 1 年，宜按 2 年确定。

【修改条文】

4.1.1 雨水控制及利用系统应使场地在建设或改建后，对于常年降雨的年径流总量和外排径流峰值的控制达到建设开发前的水平，并应符合本规范第 3.1.2 条和第 3.1.3 条的规定。

【条文说明】

4.1.1 本规范规定以径流峰值作为小区控制指标。小区建设应充分体现海绵城市建设理念，除应执行规划控制的综合径流系数指标外，还应执行径流流量控制指标。规定小区应采取措施确保建设后的径流流量不超过原有径流流量。

【新增条文】

4.1.4 雨水控制及利用设施的布置应符合下列规定：

 1 应结合现状地形地貌进行场地设计与建筑布局，保护并合理利用场地内原有的水体、湿地、坑塘、沟渠等；

 2 应优化不透水硬化面与绿地空间布局，建筑、广场、道路周边宜布置可消纳径流雨水的绿地；

 3 建筑、道路、绿地等竖向设计应有利于径流汇入雨水控制及利用设施。

【原条文】

4.1.4 下列场所不得采用雨水入渗系统：

 1 防止陡坡坍塌、滑坡灾害的危险场所；

 2 对居住环境以及自然环境造成危害的场所；

  3 自重湿陷性黄土、膨胀土和高含盐土等特殊土壤地质场所。

【修改条文】

4.1.6 雨水入渗不应引起地质灾害及损害建筑物。下列场所不得采用雨水入渗系统：

  1 可能造成坍塌、滑坡灾害的场所；

  2 对居住环境以及自然环境造成危害的场所；

  3 自重湿陷性黄土、膨胀土和高含盐土等特殊土壤地质场所。

【条文说明】

4.1.6 本条为强制性条文。

  自重湿陷性黄土受水浸湿并在一定压力下土体结构迅速破坏，产生显著附加下沉；高含盐量土壤当土壤水增多时会产生盐结晶；建设用地中发生上层滞水可使地下水位上升，造成管沟进水、墙体裂缝等危害。

【新增条文】

4.1.7 传染病医院的雨水、含有重金属污染和化学污染等地表污染严重的场地雨水不得采用雨水收集回用系统。有特殊污染源的建筑与小区，雨水控制及利用工程应经专题论证。

【条文说明】

4.1.7 传染病医院是专科医院，治疗国家法定的 30 余种传染病。含有传染科的综合医院不在本条的传染病医院之列。危险废物和化学品的储存和处置地点、污染严重的重工业场地、加油站、修车厂等，不得采用雨水收集系统，以免污染物危害人身健康。

  某些化工厂、制药厂区的雨水容易受人工合成化合物的污染，一些金属冶炼和加工的厂区雨水易受重金属的污染，传染病医院建筑区的雨水易受病菌病毒等有害微生物的污染。这些有特殊污染源的建筑与小区内若建设雨水控制及利用包括渗透设施，都要进行特殊处置，仅按本规范的规定建设是不够的，需要专题论证。

【原条文】

4.1.6 设有雨水利用系统的建设用地，应设有雨水外排措施。

【修改条文】

4.1.8 设有雨水控制及利用系统的建设用地，应设有超标雨水外排措施，并应进行地面标高控制，防止区域外雨水流入用地，城市用地的竖向规划设计应符合国家行业标准《城乡建设用地竖向规划规范》CJJ 83 的要求。

【条文说明】

4.1.8 建设用地均需要考虑雨水外排措施，在设置了雨水控制及利用设施后，仍需要设置。遇到较大的降雨，超出其蓄水能力时，多余的雨水会形成径流或溢流，需要排放到用地之外。排放措施有管道排放和地面排放两类方式，方式选择与传统雨水排除时相同。

【原条文】

4.1.7 雨水利用系统不应对土壤环境、植物的生长、地下含水层的水质、室内环境卫生等造成危害。

【修改条文】

4.1.9 雨水控制及利用系统不应对土壤环境、地下含水层水质、公众健康和环境卫生等造成危害，并应便于维护管理。园林景观的植物选择应适应雨水控制及利用需求。

【新增条文】

4.1.11 雨水构筑物及管道设置应符合现行国家标准《给水排水工程构筑物结构设计规范》GB 50069 和《建筑给水排水设计规范》GB 50015 的规定。

【条文说明】

4.1.11 雨水控制利用工程中的很多设施都需要比较严格的结构计算，比如应用较普遍的各类拼装水池、管渠等，故提出本条要求。

4.2 系 统 选 型

【新增条文】

4.2.2 雨水控制及利用应优先采用入渗系统或（和）收集回用系统，当受条件限制或条件不具备时，应增设调蓄排放系统。

【条文说明】

4.2.2 入渗和收集回用在实现控制雨水的同时，又把雨水资源化利用，具有双重功效，因此是雨水控制利用的首选措施。有些场所由于条件限制雨水入渗量和雨水回用量少，当设置了入渗系统和收集回用系统两种控制利用方式后，仍无法完成应控制雨水径流量的目标，达不到本规范第3.1.3条的需控制雨量要求，这时应该设置调蓄排放系统。调蓄排放系统能够削减雨水峰值流量，但不利用雨水，因此选择次序应排在入渗和收集回用系统之后。

4.3 系统设施计算

【原条文】

4.3.6 满足下列条件之一时，屋面雨水宜优先采用收集回用系统：

    1 降雨量随季节分布较均匀的地区；

    2 用水量与降雨量季节变化较吻合的建筑与小区。

4.3.8 大型屋面的公共建筑或设有人工水体的项目，屋面雨水宜采用收集回用系统。

【修改条文】

4.2.5 符合下列条件之一时，屋面雨水应优先采用收集回用系统：

    1 降雨量分布较均匀的地区；

    2 用水量与降雨量季节变化较吻合的建筑区或厂区；

    3 降雨量充沛地区；

    4 屋面面积相对较大的建筑。

【条文说明】

4.2.5 推荐屋面雨水优先选择收集回用方式的条件。

3 我国南方降雨量充沛，特别是年降雨量大于 800mm 地区，采用收集回用系统比较经济；

4 屋面较大的工业和民用建筑收集雨水量大，因而回用雨水的单方造价低。同时，屋面大的公共建筑外空地一般较少，可入渗的土壤面积少。故推荐采用收集回用方式。

【新增条文】

4.2.7 同时设有收集回用系统和调蓄排放系统时，宜合用雨水储存设施。

【条文说明】

4.2.7 雨水收集回用和调蓄排放系统的汇水面上的雨水流入同一储存池，首先用于回用，节省自来水。当暴雨到来之前再排空未回用完的池水，这样可增加雨水的回用量。需要注意的是汇水面的雨水径流需要做初期雨水弃流。

【删除条文】

4.2.5 设计暴雨强度应按下式计算：

$$q=\frac{167A(1+c\lg P)}{(t+b)^n} \tag{4.2.5}$$

式中　　P——设计重现期（a）；

　　　　t——降雨历时（min）；

A、b、c、n——当地降雨参数。

注：当采用天沟集水且沟沿溢水会流入室内时，暴雨强度应乘以 1.5 的系数。

【删除条文】

4.2.6 设计重现期的确定应符合下列规定：

1 向各类雨水利用设施输水或集水的管渠设计重现期，应不小于该类设施的雨水利用设计重现期。

2 屋面雨水收集系统设计重现期不宜小于表 4.2.6-1 中规定的数值。

表4.2.6-1 屋面降雨设计重现期

建筑类型	设计重现期(a)
采用外檐沟排水的建筑	1～2
一般性建筑物	2～5
重要公共建筑	10

注：表中设计重现期，半有压流系统可取低限值，虹吸式系统宜取高限值。

3 建设用地雨水外排管渠的设计重现期，应大于雨水利用设施的雨量设计重现期，并不宜小于表4.2.6-2中规定的数值。

表4.2.6-2 各类用地设计重现期

汇水区域名称	设计重现期(a)
车站、码头、机场等	2～5
民用公共建筑、居住区和工业区	1～3

【删除条文】

4.2.7 设计降雨历时的计算，应符合下列规定：

1 室外雨水管渠的设计降雨历时应按下式计算：

$$t = t_1 + mt_2 \qquad (4.2.7)$$

式中 t_1——汇水面汇水时间（min），视距离长短、地形坡度和地面铺盖情况而定，一般采用5min～10min；

m——折减系数，取 $m=1$，计算外排管渠时按现行国家标准《建筑给水排水设计规范》GB 50015的规定取用；

t_2——管渠内雨水流行时间（min）。

2 屋面雨水收集系统的设计降雨历时按屋面汇水时间计算，一般取5min。

【原条文】

6.1.4 渗透设施的日渗透能力不宜小于其汇水面上重现期2年的日雨水设计径流总量。其中入渗池、井的日入渗能力，不宜小于汇水面上的日雨水设计径流总量的1/3。雨水设计径流总量按本规范第（4.2.1-1）式计算，渗透能力按本规范第（6.3.1）式计算。

【修改条文】

4.3.1　单一系统渗透设施的渗透能力不应小于汇水面需控制及利用的雨水径流总量,当不满足时,应增加入渗面积或加设其他雨水控制及利用系统。下凹绿地面积大于接纳的硬化汇水面面积时,可不进行渗透能力计算。有效渗透面积应按下式计算:

$$A_s = W/(\alpha K J t_s) \tag{4.3.1}$$

【原条文】

6.3.5　渗透设施进水量应按下式计算,并不宜大于按本规范(4.2.1-1)式计算的日雨水设计径流总量:

$$W_c = 1.25\left[60 \times \frac{q_c}{1000} \times (F_y \Psi_m + F_0)\right] t_c \tag{6.3.5}$$

式中　F_y——渗透设施受纳的集水面积(hm²);

$\quad\quad F_0$——渗透设施的直接受水面积(hm²),埋地渗透设施为 0;

$\quad\quad t_c$——渗透设施产流历时(min);

$\quad\quad q_c$——渗透设施产流历时对应的暴雨强度[L/(s·hm²)]。

【修改条文】

4.3.4　渗透设施进水量应按下式计算,且不宜大于按本规范式(3.1.3)计算的日雨水设计径流总量:

$$W_c = \left[60 \times \frac{q_c}{1000} \times (F_y \Psi_c + F_0)\right] t_c \tag{4.3.4}$$

式中　F_y——渗透设施受纳的汇水面积(hm²);

$\quad\quad F_0$——渗透设施的直接受水面积(hm²),埋地渗透设施取为 0;

$\quad\quad t_c$——渗透设施设计产流历时(min),不宜大于 120min;

$\quad\quad q_c$——渗透设施设计产流历时对应的暴雨强度[L/(s·hm²)],按 2 年重现期计算。

【条文说明】

4.3.4　集水面积指客地汇水面积,需注意集水面积 F_y 的计算中不附加高出集雨面的侧墙面积。

原规范公式中的系数 1.25 在本次修订中取消,其依据是流量与历时的乘积为雨水量，无需再乘校正系数（参见赵世明等"雨水渗透工程降雨过程中雨水流入量的计算"一文）。

【原条文】

7.1.2 雨水收集回用系统设计应进行水量平衡计算，且满足如下要求：

   1 雨水设计径流总量按本规范（4.2.1-1）式计算，降雨重现期宜取 1～2 年；

   2 回用系统的最高日设计用水量不宜小于集水面日雨水设计径流总量的 40%；

   3 雨水量足以满足需用量的地区或项目，集水面最高月雨水设计径流总量不宜小于回用管网该月用水量。

【修改条文】

4.3.5 单一雨水回用系统的平均日设计用水量不应小于汇水面需控制及利用雨水径流总量的 30%。当不满足时，应在储存设施中设置排水泵，其排水能力应在 12h 内排空雨水。

4.3.6 雨水收集回用系统应设置储存设施，其储水量应按下式计算。当具有逐日用水量变化曲线资料时，也可根据逐日降雨量和逐日用水量经模拟计算确定。

$$V_h = W - W_i \qquad (4.3.6)$$

式中　V_h——收集回用系统雨水储存设施的储水量（m^3）；

      W_i——初期径流弃流量（m^3），应根据本规范式（5.3.5）计算。

【条文说明】

4.3.5 规定收集回用系统中配置雨水用户（量）的规模。

本条规定可用下式表述：

$$\Sigma q_i \cdot n_i \geqslant 0.3W \qquad (4)$$

式中　q_i——某类用水户的平均日用水定额（m^3/d）；

      n_i——某类用水户的户数。

回用系统的平均日用水量根据本规范第 3.2 节的定额计算，计算方法见现行国家标准《民用建筑节水设计标准》GB 50555。

集水面需控制利用雨水径流总量 W 根据本规范公式（3.1.3）计算。雨水用户有能力把日收集雨水量约 3 日内或更短时间用完。对回用管网耗用雨水的能力提出如此高的要求主要基于以下理由：

1 条件具备。建设用地内雨水的需用量很大，比如公共建筑项目中的水体景观补水、空调冷却补水、绿地和地面浇洒、冲厕等用水，都可利用雨水，而汇集的雨水很有限，上千平方米汇水面的日集雨量一般只几十立方米。只要尽量把可用雨水的部位都用雨水供应，则雨水回用管网的设计用水量很容易达到不小于日雨水设计总量 30% 的要求。

2 提高蓄水池的利用效率。管网耗用雨水的能力越大，则蓄水池排空得越快，在不增加池容积的情况下，后续的降雨（比如连续 3 日、7 日等）都可收集蓄存进来，提高了水池的周转利用率或雨水的收集效率，即所需的储存容积相对较小，使回用雨水相对经济。

雨水控制及利用还有其他的水量平衡方法，比如月平衡法、年平衡法。

当上述公式不满足时，说明用户的用水能力偏小，而雨水量 W 又需要拦蓄控制、储存在蓄水池中，水池雨水无法及时（3 日或 72h）被用户用完，这种情况需要增设排水泵。排水泵按 12h 排空水池确定，该时间参考调蓄排放水池的 6h～12h，取上限 12h。

【原条文】

9.0.4 调蓄排放系统的降雨设计重现期宜取 2 年。

9.0.6 调蓄池出水管管径应根据设计排水流量确定。也可根据调蓄池容积进行估算，见表 9.0.6。

表 9.0.6 调蓄池出水管管径估算表

调蓄池容积（m³）	出水管管径（mm）
500～1000	200～250
1000～2000	200～300

【修改条文】

4.3.7 雨水调蓄排放系统的储存设施出水管设计流量应符合下列

规定：

    1 当降雨过程中排水时，应按下式计算：

$$Q'=\Psi_0 q F \qquad (4.3.7)$$

式中 Q'——出水管设计流量（L/s）；

        Ψ_0——控制径流峰值所对应的径流系数，宜取 0.2；

        q——暴雨强度 [L/(s·hm²)]，按 2 年重现期计算。

    2 当降雨过后才外排时，宜按 6h～12h 排空调蓄池计算。

【条文说明】

4.3.7 调蓄排放系统的排水可设计为降雨过程中就开始外排或降雨结束后再外排。降雨过程中外排水的流量径流系数取 0.20，近似于地面硬化前的值。降雨结束后再外排的的排水时间控制在 6h～12h 内，可确保在下一次暴雨到来之前排空水池。

    计算排水流量用于确定调蓄排放水池的排水管径。

【原条文】

9.0.5 调蓄池容积宜根据设计降雨过程变化曲线和设计出水流量变化曲线经模拟计算确定，资料不足时可采用下式计算：

$$V=\max\left[\frac{60}{1000}(Q-Q')t_{\mathrm{m}}\right] \qquad (9.0.5\text{-}1)$$

式中 V——调蓄池容积（m³）；

        t_{m}——调蓄池蓄水历时（min），不大于 120min；

        Q'——设计排水流量（L/s），按下式计算：

$$Q'=\frac{1000W}{t'} \qquad (9.0.5\text{-}2)$$

式中 t'——排空时间（s），宜按 6h～12h 计。

【修改条文】

4.3.8 雨水调蓄排放系统的储存设施容积应符合下列规定：

    1 降雨过程中排水时，宜根据设计降雨过程变化曲线和设计出流量变化曲线经模拟计算确定，资料不足时可按下式计算：

$$V_{\mathrm{t}}=\max\left[\frac{60}{1000}(Q-Q')t_{\mathrm{m}}\right] \qquad (4.3.8)$$

式中 V_{t}——调蓄排放系统雨水储存设施的储水量（m³）；

t_m——调蓄池蓄水历时（min），不大于 120min；

Q——调蓄池进水流量（L/s）；

Q'——出水管设计流量（L/s），按本规范式（4.3.7）确定。

2 当雨后才排空时，应按汇水面雨水设计径流总量 W 取值。

【条文说明】

4.3.8 公式（4.3.8）类似于渗透设施的蓄积雨水量计算式（4.3.3），两式的主要差别是本条公式中用排放水量 $Q't_m$ 取代了渗透量，另外进水量 Qt_m 相当于 W_c。

本公式是伴随雨水控制及利用技术的发展而提出的，适用于建筑与小区内。

【新增条文】

4.3.9 当雨水控制及利用采用入渗系统和收集回用系统的组合时，入渗量和雨水设计用量应按下列公式计算：

$$\alpha KJA_s t_s + \Sigma q_i n_i t_y = W \qquad (4.3.9\text{-}1)$$

$$\alpha KJA_s t_s = W_1 \qquad (4.3.9\text{-}2)$$

$$\Sigma q_i n_i t_y = W_2 \qquad (4.3.9\text{-}3)$$

式中 t_s——渗透时间（s），按 24h 计；对于渗透池和渗透井，宜按 3d 计；

q_i——第 i 种用水户的日用水定额（m³/d），根据现行国家标准《建筑给水排水设计规范》GB 50015 和《建筑中水设计规范》GB 50336 计算；

n_i——第 i 种用水户的用户数量；

t_y——用水时间，宜取 2.5d；当雨水主要用于小区景观水体，并且作为该水体主要水源时，可取 7d 甚至更长时间，但需同时加大蓄水容积；

W_1——入渗设施汇水面上的雨水设计径流量（m³）；

W_2——收集回用系统汇水面上的雨水设计径流量（m³）。

【条文说明】

4.3.9 采用入渗系统（间接利用）和收集回用系统（直接利用）

组合方式时雨水耗用规模的确定。

公式中的 W、W_1、W_2 均根据本规范公式（3.1.3）计算。

公式（4.3.9-3）的意义是收集回用系统 2.5 个最高日（约为平均日 3 天）的雨水用量要不少于该系统的设计日收集雨量（应控制利用量）；公式（4.3.9-2）的意义是入渗系统的日入渗量要不小于该系统的设计日收集雨量，对于入渗池（井），则 3 天入渗量要不小于该系统的设计日收集雨量；公式（4.3.9-1）的意义是入渗系统和收集回用系统的耗雨量之和要不小于建设场地的应控制雨水径流总量 W。

【新增条文】

4.3.10 当雨水控制及利用采用多系统组合时，各系统的有效储水量应按下式计算：

$$(V_s + W_{xl}) + V_h + V_t = W \qquad (4.3.10)$$

式中 W_{xl}——入渗设施内累积的雨水量达到最大值过程中渗透的雨水量（m^3）；

【条文说明】

4.3.10 各系统的储水量分别根据本规范第 4.3.3、4.3.6、4.3.8 条计算。

公式（4.3.10）的含义是组合系统中各个系统截留的雨量之和不小于建设场地的应控制利用总雨量。工程中要尽量趋近于等式，截留水量过大会浪费投资。W_{xl} 在用公式（4.3.3）计算储存水量的过程中得到。

【新增条文】

4.3.11 建设场地日降雨控制及利用率应按下式计算：

$$f_k = 1 - W_p / (10 h_p F_z) \qquad (4.3.11)$$

式中 f_k——建设场地日降雨控制及利用率；

W_p——建设场地外排雨水总量（m^3）；

h_p——日降雨量（mm），因重现期而异；

F_z——建设场地总面积（m^2）。

【条文说明】

4.3.11 本规范规定了径流总量控制和径流峰值控制的要求。若控制径流峰值，至少应对最大 24h 降雨（常年或 3、5 年一遇）进行控制，本条公式即是计算控制效果。公式中的分数项是雨水的流失率（或外排比率），其中分母是场地上日总降雨量，分子是外排雨水总量或流失量。控制利用率用于判断工程中的雨水控制利用设施控制雨水的效果。

【新增条文】

4.3.12 建设场地外排雨水总量应按下式计算：

$$W_p = 10\Psi_z h_p F_z - V_L \tag{4.3.12}$$

式中 Ψ_z——建设场地综合雨量径流系数，应按本规范第 3.1.4
　　　　条确定；

　　　V_L——雨水控制及利用设施截留雨量（m^3）。

【条文说明】

4.3.12 公式右侧第一项是整个建设场地下垫面上的总径流量，该径流量随降雨重现期的增大而而增加。

【新增条文】

4.3.13 雨水控制及利用系统的有效截留雨量应为各系统的截留雨量之和，并应按下式计算：

$$V_L = V_{L1} + V_{L2} + V_{L3} \tag{4.3.13}$$

式中 V_{L1}——渗透设施的截留雨量（m^3）；

　　　V_{L2}——收集回用系统的截留雨量（m^3）；

　　　V_{L3}——调蓄排放设施的截留雨量（m^3）。

【条文说明】

4.3.13 雨水控制利用系统截留的雨水总量为入渗、收集回用、调蓄排放三种系统分别截留的雨量之和。当其中某一类系统没有采用时，该系统的截留雨量取零。

【新增条文】

4.3.14 各雨水控制及利用系统或设施的有效截留雨量应通过水

量平衡计算，并应根据下列影响因素确定：

  1 渗透系统或设施的主要影响因素应包括：有效储水容积、汇水面日径流量、日渗透量。当透水铺装按本规范表 3.1.4 取径流系数时，可不计算截留雨量。

  2 收集回用系统的主要影响因素应包括：雨水蓄存设施的有效储水容积、汇水面日径流量、雨水用户的用水能力。

  3 调蓄排放系统的主要影响因素应包括：调蓄设施的有效储水容积、汇水面日径流量。

【条文说明】

4.3.14 各系统的截留雨量由多个影响因素综合平衡决定。对于入渗和收集回用系统，截留雨量主要由三个因素决定：汇水面上的汇集水量、储水容积、资源化利用雨量。三个参数相互匹配得好时截留雨量最多，匹配的不好时截留雨量少。比如一个收集回用系统，如果雨水蓄水池很小，尽管该系统汇水量很大以及雨水用户的用水量也很大，但截留雨量也很小。对于调蓄排放系统，截留雨量主要由两个因素决定：汇水面上的汇集水量和储水容积。

  各设施的有效储水容积按实设的设施容积计算。比如，景观水体的有效储水容积是设计水位和溢流水位之间的容积；有坡度的渗透沟渠的有效储水容积是下游挡坎能截留住的水量，如果无挡坎，则无法截留雨水。如图 5 中，存储空间中高于排水水位的那部分容积不计入存储容积。

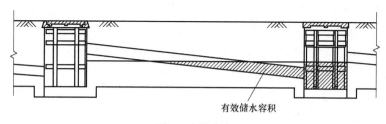

有效储水容积

图 5 存储容积

【删除条文】

4.3.9 为削减城市洪峰或要求场地的雨水迅速排干时，宜采用调蓄排放系统。

5 雨水收集与排除

5.1 屋面雨水收集

【原条文】

5.1.1 屋面表面应采用对雨水无污染或污染较小的材料,不宜采用沥青或沥青油毡。有条件时可采用种植屋面。

【修改条文】

5.1.1 屋面应采用对雨水无污染或污染较小的材料,有条件时宜采用种植屋面。种植屋面应符合现行行业标准《种植屋面工程技术规程》JGJ 155 的规定。

【新增条文】

5.1.3 屋面雨水宜采用断接方式排至地面雨水资源化利用生态设施。当排向建筑散水面进入下凹绿地时,散水面宜采取消能防冲刷措施。

【条文说明】

5.1.3 建筑雨水管的断接指排水口将径流连接到绿地等透水区域。断接时无论雨水立管外落或室内设置都应把出水管口暴露于大气中,保证雨水管的水自由出流。散水面防冲刷措施一般由建筑师设置。

【原条文】

5.1.10 除种植屋面外,雨水收集回用系统均应设置弃流设施,雨水入渗收集系统宜设弃流设施。

【修改条文】

5.1.8 雨水收集回用系统均应设置弃流设施,雨水入渗收集系统宜设弃流设施。

【新增条文】

5.1.9 种植屋面上设置雨水斗时,雨水斗宜设置在屋面结构板上，斗上方设置带雨水算子的雨水口，并应有防止种植土进入雨水斗的措施。

5.3 雨 水 弃 流

【删除条文】

5.6.9 自动控制弃流装置应符合下列规定：

1 电动阀、计量装置宜设在室外，控制箱宜集中设置，并宜设在室内；

2 应具有自动切换雨水弃流管道和收集管道的功能，并具有控制和调节弃流间隔时间的功能；

3 流量控制式雨水弃流装置的流量计宜设在管径最小的管道上；

4 雨量控制式雨水弃流装置的雨量计应有可靠的保护措施。

5.4 雨 水 排 除

【新增条文】

5.4.1 排水系统应对雨水控制及利用设施的溢流雨水进行收集、排除。

【条文说明】

5.4.1 雨水排水系统排除的是雨水控制利用场地上或汇水面上的溢流雨水，而不是需要控制利用的雨水。

【新增条文】

5.4.5 渗透管—排放系统应满足排除雨水流量的要求，管道水力计算可采用有压流。

【新增条文】

5.4.6 雨水排除系统的出水口不宜采用淹没出流。

【条文说明】

5.4.6 淹没出流会造成排水管道内淤积沉积物，向市政雨水管或雨水沟排水、向小区内的水体排水都不宜采用淹没出流。淹没是针对受水体的设计水位。

【新增条文】

5.4.7 室外下沉式广场、局部下沉式庭院，当与建筑连通时，其雨水排水系统应采用加压提升排放系统；当与建筑物不连通且下沉深度小于 1m 时，可采用重力排放系统，并应确保排水出口为自由出流。处于山地或坡地且不会雨水倒灌时，可采用重力排放系统。

【条文说明】

5.4.7 室外下沉式广场、局部下沉式庭院的地面比小区地面低，若采用重力排水，小区地面积水可通过雨水管倒灌回这类广场或庭院，并进而进入建筑内，因此应采用水泵提升排水。与建筑不连通的下沉广场，倒灌的雨水不会进入建筑内，故可以采用重力排除。

【新增条文】

5.4.8 与市政管网连接的雨水检查井应满足雨水流量测试要求。

6　雨　水　入　渗

6.1　一　般　规　定

【原条文】

6.1.6 雨水渗透设施选择时宜优先采用绿地、透水铺装地面、渗透管沟、入渗井等入渗方式。

6.1.7 雨水入渗应符合下列规定：

　　1　绿地雨水应就地入渗；

　　2　人行、非机动车通行的硬质地面、广场等宜采用透水地面；

　　3　屋面雨水的入渗方式应根据现场条件，经技术经济的环境效益比较确定。

6.1.11 小区内路面宜高于路边绿地 50mm～100mm，并应确保雨水顺畅流入绿地。

【修改条文】

6.1.2 雨水入渗宜优先采用下凹绿地、透水铺装、浅沟洼地入渗等地表面入渗方式，并应符合下列规定：

1 人行道、非机动车道、庭院、广场等硬化地面宜采用透水铺装，硬化地面中透水铺装的面积比例不宜低于40％；

2 小区内路面宜高于路边绿地50mm～100mm，并应确保雨水顺畅流入绿地；

3 绿地宜设置为下凹绿地。涉及绿地指标率要求的建设工程，下凹绿地面积占绿地面积的比例不宜低于50％；

4 非种植屋面雨水的入渗方式应根据现场条件，经技术经济和环境效益比较确定。

【条文说明】

6.1.2 透水铺装和下凹绿地等地面入渗设施的造价比较低，故推荐优先采用，特别是下凹绿地的造价最低。采用这些入渗设施时，须注意入渗面与地下水位的距离不应小于1m。

本条第1款中的硬化地面是指把地面承载力提高便于人类活动的地面，其径流系数比自然地面增高。

小区内路面高于路边绿地50mm～100mm是北京雨水入渗的经验。低于路面的绿地又称下凹绿地，可形成储存容积，截留储存较多的雨水。特别是绿地周围或上游硬化面上的雨水需要进入绿地入渗时，绿地必须下凹才能把这些雨水截留住入渗。当路面和绿地之间有凸起的隔离物时，应留有水道使雨水排向绿地。

【新增条文】

6.1.3 雨水入渗设施埋地设置时宜设在绿地下，也可设于非机动车路面下。渗透管沟间的最小净间距不宜小于2m，入渗井间的最小间距不宜小于储水深度的4倍。

【原条文】

6.1.8 地下建筑顶面与覆土之间设有渗排设施时，地下建筑顶面覆土可作为渗透层。

【修改条文】

6.1.4 地下建筑顶面覆土层设置透水铺装、下凹绿地等入渗设施时，应符合下列规定：

　　1 地下建筑顶面与覆土之间应设疏水片材或疏水管等排水层；

　　2 土壤渗透面至渗排设施间的土壤厚度不应小于 300mm；

　　3 当覆土层土壤厚度超过 1.0m 时，可设置下凹绿地或在土壤层内埋设入渗设施。

【条文说明】

6.1.4

　　覆土层做绿地、下凹绿地、透水铺装，甚至埋设透水管沟，都需要至少 300mm 厚的土壤层位于入渗面和疏水设施之间。

【原条文】

6.1.9 除地面入渗外，雨水渗透设施距建筑物基础边缘不应小于 3m，并对其他构筑物、管道基础不产生影响。

【修改条文】

6.1.5 雨水渗透设施应保证其周围建（构）筑物的安全使用。埋在地下的雨水渗透设施距建筑物基础边缘不应小于 5m，且不应对其他构筑物、管道基础产生影响。

【条文说明】

6.1.5 雨水渗透设施特别是地面下的入渗使深层土壤的含水量人为增加，土壤的受力性能改变，甚至会影响建筑物、构筑物的基础。建设雨水渗透设施时，需要对场地的土壤条件进行调查研究，以便正确设置雨水渗透设施，避免对建筑物、构筑物产生不利影响。

【原条文】

6.1.3 雨水渗透系统不应对居民生活造成不便，不应对小区卫生环境产生危害。地面入渗场地上的植物配置应与入渗系统相协调。

　　非自重湿陷性黄土场地，渗透设施必须设置于建筑物防护距离以外，并不应影响小区道路路基。

【修改条文】

6.1.6 雨水渗透系统不应对居民生活造成不便，不应对小区卫生环境产生危害。地面入渗场地上的植物配置应与入渗系统相协调。渗透管沟、入渗井、入渗池、渗透管—排放系统、生物滞留设施与生活饮用水储水池的间距不应小于 10m。

非自重湿陷性黄土场地，渗透设施应设置于建筑物防护距离以外，且不应影响小区道路路基。

【原条文】

6.1.10 雨水入渗系统宜设置溢流设施。

【修改条文】

6.1.7 雨水入渗系统宜设置溢流设施；雨水进入埋在地下的雨水渗透设施之前应经沉砂和漂浮物拦截处理。

6.2 渗 透 设 施

【原条文】

6.2.1 绿地接纳客地雨水时，应满足下列要求：

 1 绿地就近接纳雨水径流，也可通过管渠输送至绿地；

 2 绿地应低于周边地面，并有保证雨水进入绿地的措施；

 3 绿地植物宜选用耐淹品种。

【修改条文】

6.2.1 下凹绿地应接纳硬化面的径流雨水，并应符合下列规定：

 1 周边雨水宜分散进入下凹绿地，当集中进入时应在入口处设置缓冲措施；

 2 下凹式绿地植物应选用耐淹品种；

 3 下凹绿地的有效储水容积应按溢水排水口标高以下的实际储水容积计算。

【原条文】

6.2.2 透水铺装地面应符合下列要求：

    1 透水铺装地面应设透水面层、找平层和透水垫层。透水面层可采用透水混凝土、透水面砖、草坪砖等。

    2 透水地面面层的渗透系数均应大于 $1×10^{-4}$m/s，找平层和垫层的渗透系数必须大于面层。透水地面设施的蓄水能力不宜低于重现期为 2 年的 60min 降雨量。

    3 面层厚度宜根据不同材料、使用场地确定，孔隙率不宜小于 20%；找平层厚度宜为 20mm～50mm；透水垫层厚度不宜小于 150mm，孔隙率不应小于 30%。

    4 铺装地面应满足相应的承载力要求，北方寒冷地区还应满足抗冻要求。

【修改条文】

6.2.2 透水铺装地面的透水性能应满足 1h 降雨 45mm 条件下，表面不产生径流，并应符合下列规定：

    1 透水铺装地面宜在土基上建造，自上而下设置透水面层、找平层、基层和底基层；

    2 透水面层的渗透系数应大于 $1×10^{-4}$m/s；可采用硅砂透水砖等透水砖、透水混凝土、草坪砖等；透水面砖的有效孔隙率不应小于 8%，透水混凝土的有效孔隙率不应小于 10%；当面层采用透水砖和硅砂透水砖时，其抗压强度、抗折强度、抗磨长度及透水性能等应符合国家现行有关标准的规定；

    3 找平层的渗透系数和有效孔隙率不应小于面层，宜采用细石透水混凝土、干砂、碎石或石屑等；

    4 基层和底基层的渗透系数应大于面层；底基层宜采用级配碎石、中、粗砂或天然级配砂砾料等，基层宜采用级配碎石或透水混凝土；透水混凝土的有效孔隙率应大于 10%，砂砾料和砾石的有效孔隙率应大于 20%；

    5 铺装地面应满足承载力要求，严寒、寒冷地区尚应满足抗冻要求。

【条文说明】

6.2.2

    硅砂透水砖是以硅砂为主要骨料或面层骨料，以胶粘剂为主

106

要粘结材料，经免烧结成型工艺制成，具有透水性能的路面砖。

【原条文】

6.2.3 浅沟与洼地入渗应符合以下要求：

1 地面绿化在满足地面景观要求的前提下，宜设置浅沟或洼地；

2 积水深度不宜超过 300mm；

3 积水区的进水宜沿沟长多点分散布置，宜采用明沟布水；

4 浅沟宜采用平沟。

【修改条文】

6.2.3 植被浅沟与洼地入渗应符合下列规定：

1 地面绿化在满足地面景观要求的前提下，宜设置浅沟或洼地；

2 积水深度不宜超过 300mm；

3 积水区的进水宜沿沟长多点分散布置；

4 浅沟宜采用平沟，并能储存雨水。有效储水容积应按积水深度内的容积计算。

【原条文】

6.2.4 浅沟渗渠组合渗透设施应符合下列要求：

1 沟底表面的土壤厚度不应小于 100mm，渗透系数不应小于 1×10^{-5} m/s；

2 渗渠中的砂层厚度不应小于 100mm，渗透系数不应小于 1×10^{-4} m/s；

3 渗渠中的砾石层厚度不应小于 100mm。

【修改条文】

6.2.4 生物滞留设施应符合下列规定：

1 生物滞留设施从上至下应敷设种植土壤层、砂层，也可增加设置砾石层；

2 生物滞留设施的浅沟应能储存雨水，蓄水深度不宜大于 300mm；

3 浅沟沟底表面的土壤厚度不应小于 100mm，渗透系数不应小于 $1×10^{-5}$m/s；

4 生物滞留设施设有渗渠时，渗渠中的砂层厚度不应小于 100mm，渗透系数不应小于 $1×10^{-4}$m/s；

5 渗渠中的砾石层厚度不应小于 100mm；

6 砂层砾石层周边和土壤接触部位应包覆透水土工布，土壤渗透系数不应小于 $1×10^{-6}$m/s；

7 生物滞留设施应按需设计底层排水设施；

8 有效储水容积应根据浅沟的蓄水深度计算。

【条文说明】

6.2.4

场地设生物滞留设施时，其设置应符合下列要求：

1 对于污染严重的汇水区应选用植被浅沟、浅池等对雨水径流进行预处理，去除大颗粒的沉淀并减缓流速；

2 屋面雨水径流应由管道接入滞留设施，场地及人行道径流可通过路牙豁口分散流入；

3 生物滞留设施应设溢流装置，可采用溢流管、算子等装置，并设 100mm 的超高；

4 生物滞留设施自上而下设置蓄水层、植被及种植土层、砂层、砾石排水层及调蓄层等，各层设置应满足下列要求：（1）蓄水层深度根据径流控制目标确定，一般为 200mm～300mm，最高不超过 400mm，并应设 100mm 的超高；（2）种植土层厚度视植物类型确定，当种植草本植物时一般为 250mm，种植木本植物厚度一般为 1000mm；（3）砂层一般由 100mm 的细砂和粗砂组成；（4）砾石排水层一般为 200mm～300mm，可根据具体要求适当加深，并可在其中埋置直径为 100mm 的 PVC 穿孔管；（5）在穿孔管底部可设置不小于 300mm 的砾石调蓄层。

【新增条文】

6.2.5 渗透管沟设置应符合下列要求：

8 渗透管沟的储水空间应按积水深度内土工布包覆的容积

计，有效储水容积应为储水空间容积与孔隙率的乘积。

【原条文】

6.2.6 渗透管—排放系统设置应符合下列要求：

　　3　检查井出水管口的标高应能确保上游管沟的有效蓄水，当设置有困难时，则无效管沟容积不计入储水容积；

　　4　其余要求应满足本规范第6.2.5条规定。

【修改条文】

6.2.6 渗透管—排放系统除应符合第6.2.5条规定外，还应符合下列规定：

　　3　检查井出水管口的标高应高于进水管口标高，并应确保上游管沟的有效蓄水。

【原条文】

6.2.9 埋地入渗池应符合下列要求：

　　1　底部及周边的土壤渗透系数应大于 5×10^{-6} m/s；

　　2　强度应满足相应地面承载力的要求；

　　3　外层应采用土工布或性能相同的材料包覆；

　　4　当设有人孔时，应采用双层井盖。

【修改条文】

6.2.7 埋地入渗池宜采用塑料模块或硅砂砌块拼装组合，并符合下列规定：

　　1　池的入水口上游应设泥沙分离设施；

　　2　底部及周边的土壤渗透系数应大于 5×10^{-6} m/s；

　　3　池体强度应满足相应地面荷载及土壤承载力的要求；

　　4　池体的周边、顶部应采用透水土工布或性能相同的材料全部包覆；

　　5　池内构造应便于清除沉积泥沙，并应设检修维护人孔，人孔应采用双层井盖；

　　6　设于绿地内时，池顶覆土应高于周围200mm及以上；

　　7　应设透水混凝土底板，当底板低于地下水位时，水池应满足抗浮要求；

8　有效储水容积应根据入水口或溢流口以下的积水深度计算。

【新增条文】

6.2.8　入渗井应符合下列规定：

4　有效储水容积应为入水口以下的井容积。

【原条文】

6.2.7　入渗池（塘）应符合下列要求：

1　边坡坡度不宜大于 1：3，表面宽度和深度的比例应大于6：1；

2　植物应在接纳径流之前成型，并且所种植物应既能抗涝又能抗旱，适应洼地内水位变化；

3　应设有确保人身安全的措施。

【修改条文】

6.2.9　入渗池（塘）应符合下列规定：

1　上游应设置沉砂或前置塘等预处理设施，并应能去除大颗粒污染物和减缓流速；

2　边坡坡度不宜大于 1：3，表面宽度和深度的比例应大于6：1；

3　底部应为种植土，植物应在接纳径流之前成型，植物应既能抗涝又能抗旱，适应洼地内水位变化；

4　宜能排空，排空时间不应大于 24h；

5　应设有确保人身安全的措施；

6　有效储水容积应按设计水位和溢流水位之间的容积计。

7　雨水储存与回用

7.1　一般规定

【原条文】

7.1.4　水面景观水体宜作为雨水储存设施。

【修改条文】

7.1.2 雨水收集回用系统的雨水储存设施应采用景观水体、旱塘、湿塘、蓄水池、蓄水罐等。景观水体、湿塘应优先用作雨水储存。

【条文说明】

7.1.2 推荐景观水体和湿塘的理由是：水面景观水体和湿塘的面积一般较大，在设计水位上方可以储蓄大量雨水，做法是水面的平时水位和溢流水位之间预留一定空间，如 100mm～300mm 高度或更大。

当景观水体只采用雨水补水时，建议设置为雨季有水、旱季无水的旱塘形式。这样，旱塘的全部容积都可用于储存雨水。

【新增条文】

7.1.3 雨水进入蓄水池、蓄水罐前，应进行泥沙分离或粗过滤。景观水体和湿塘宜设前置区，并能沉淀径流中大颗粒污染物。

【条文说明】

7.1.3 雨水特别是地面雨水中含有的泥沙较多，经过泥沙分离，可减少蓄水池（罐）中的清淤工作。泥沙分离可采用成品设备，也可建造，类似于初沉池。

7.2 储存设施

【新增条文】

7.2.4 蓄水池设于机动车行道下方时，宜采用钢筋混凝土池。设于非机动车行道下方时，可采用塑料模块或硅砂砌块等型材拼装组合，且应采取防止机动车误入池上行驶的措施。

【条文说明】

7.2.4 机动车道下方时，需要进行严格的结构受力计算。鉴于建筑小区工程中结构计算力量薄弱，故推荐型材拼装水池应用于非行车场地。池顶的覆土高出周围地面几十厘米，可防止机动车误上。

【新增条文】

7.2.8 塑料模块和硅砂砌块组合蓄水池应符合下列规定：

  1 池体强度应满足地面及土壤承载力的要求；

  2 外层应采用不透水土工膜或性能相同的材料包覆；

  3 池内构造应便于清除沉积泥沙；

  4 兼具过滤功能时应能进行过滤沉积物的清除；

  5 水池应设混凝土底板；当底板低于地下水位时，水池应满足抗浮要求。

【条文说明】

7.2.8 塑料模块组合水池通过拼装塑料为原材料的单位模块构成具有90%以上储水率的整体水池，四周再以不透水土工膜包裹作为储水设施使用，如图20所示。

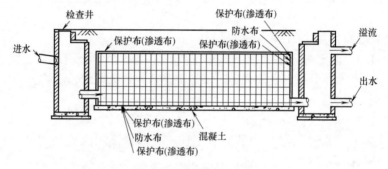

图20 塑料模块蓄水池

  硅砂砌块组合水池由多个硅砂雨水井室有序排列组成地下水池，如图21所示。池底混凝土底板上局部采用透气防渗砂层，具有净化、储存雨水功能，能较好保持水池中的水质，且具有不受容积、场地大小限制，组合形状可因地制宜，施工周期短，硅砂可回收等优点。

【新增条文】

7.2.9 景观水体和湿塘用于储存雨水时，应符合下列规定：

  1 储存雨水的有效容积应为景观设计水位或湿塘常水位与溢流水位之间的容积；

  2 雨水储存设有排空设施时，宜按24h排空设置，排空最低水位宜设于景观设计水位和湿塘的常水位处；

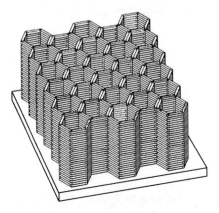

图 21　硅砂砌块蓄水池

　　3　前置区和主水区之间宜设水生植物种植区；

　　4　湿塘的常水位水深不宜小于 0.5m；

　　5　湿塘应设置护栏、警示牌等安全防护与警示措施。

【条文说明】

7.2.9　用湿塘储存雨水既造价低又创造景观，有条件时应优先考虑。湿塘的构造示意见图 22。图中的常水位为景观设计水位，进水管处的沉泥区为前置区。常水位上方的容积用于储存雨水，供雨水用户使用。图中的进水管应从近旁的检查井接出，该检查井的进水管或进水沟渠的内底不宜低于图中最上方的调节水位。

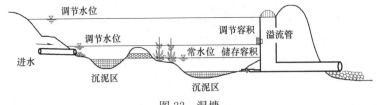

图 22　湿塘

　　湿塘还适宜作调蓄排放设施。用作调蓄排放设施时，应在下方的调节水位处设置排水口，该口的排水能力应小于设计峰值流量控制值。

【新增条文】

7.2.10　当蓄水池的有效容积大于雨水回用系统最高日用水量的 3

倍时，应设能 12h 排空雨水的装置。

【条文说明】

7.2.10 排空装置包括重力排空管道（有条件时）或水泵。12h 排空能力可保障为即将到来的暴雨清空蓄水容积，减小外排流量。水池容积大于回用系统 3 倍的最高日用水量，表明水池偏大，雨水容易在池内积存，不易及时耗用掉。

7.3 雨水回用供水系统

【原条文】

7.3.1 雨水供水管道应与生活饮用水管道分开设置。

【修改条文】

7.3.1 雨水供水管道应与生活饮用水管道分开设置，严禁回用雨水进入生活饮用水给水系统。

【条文说明】

7.3.1 本条为强制性条文。

管道分开设置指两类管道系统从水源到用水点都是独立的，之间没有任何形式的连接，包括通过倒流防止器等连接。雨水的来源是不稳定的，因此雨水供水系统都设补充水。当采用生活饮用水补水时，补水管道出口和雨水的水面之间应有空气隔断。

雨水控制及利用系统作为项目配套设施进入建筑小区和室内，安全措施十分重要。回用雨水执行的水质标准是杂用水、景观用水等，属非饮用水，因此严禁回用雨水进入生活饮用水系统。

要求采用生活饮用水水质标准供水补水的系统都属于生活饮用水系统。游泳池、与人体密切接触的水景、戏水等设施都要求采用生活饮用水补水，因此不可采用回用雨水补水。

建筑与小区中的回用雨水存在意外进入生活饮用水系统的风险，因此需要采取严格措施防范。

条文的实施与检查如下：

1 实施：在设计及施工安装中，雨水清水池、雨水供水泵和雨水供水管道系统应和生活饮用水管道完全分开。生活饮用水作为补水时，补水管道包括市政来水补水管道不得向雨水供水管道中补水。有的工程为了利用生活饮用水补水管道的水压、节省雨水供水泵的运行电耗，通过倒流防止器使两类管道连接在一起，这是不允许的。

2 检查：应审核设计图中和检查工程中雨水供水管道系统的补水管接入点，当补水为生活饮用水时，补水点应在雨水池（箱）；审核和检查雨水管道上连接的其他类管道不得是生活饮用水管道；当雨水作为补水向其他管道系统补水时，比如消防灭火水系统、循环冷却水系统、景观水系统，绿地浇洒系统等，也要同样审核和检查雨水管没有通过被补水的系统连接到生活饮用水管道。工程安装过程往往出现两种管道连通的事故，虽然在连通管上设置常闭阀门、止回阀、倒流防止器，但仍属于两种管道没有分开，存在安全隐患。

【原条文】

7.3.5 供水系统供应不同水质要求的用水时，是否单独处理应经技术经济比较后确定。

【修改条文】

7.3.5 供水系统供应不同水质要求的用水时，应综合考虑水质处理、管网敷设等因素，经技术经济比较后确定采用集中管网系统或局部供水系统。

8 水 质 处 理

8.1 处 理 工 艺

【新增条文】

8.1.2 雨水进入蓄水储存设施之前宜利用植草沟、卵石沟、绿地等生态净化设施进行预处理。

【新增条文】

8.1.3 生态净化设施预处理满足下列要求时，雨水收集回用系统可不设初期径流弃流设施：

  1 雨水在植草沟或绿地的停留时间内，入渗的雨量不小于初期径流弃流量；

  2 卵石沟储存雨水的有效储水容积不小于初期径流弃流量。

【原条文】

8.1.3 屋面雨水水质处理根据原水水质可选择下列工艺流程：

  1 屋面雨水→初期径流弃流→景观水体；

  2 屋面雨水→初期径流弃流→雨水蓄水池沉淀→消毒→雨水清水池；

  3 屋面雨水→初期径流弃流→雨水蓄水池沉淀→过滤→消毒→雨水清水池。

【修改条文】

8.1.5～8.1.8 条。

8.1.5 雨水用于景观水体时，宜采用下列工艺流程：

  雨水 → 初期径流弃流 → 景观水体或湿塘。景观水体或湿塘宜配置水生植物净化水质。

【条文说明】

8.1.5 此工艺的出水当达不到景观水体的水质要求时，可考虑利用景观水体的自然净化能力和水体的水质维持净化设施对混有雨水的水体进行净化。景观水体有确切的水质指标要求时，一般设有水体净化设施。对于地面雨水散流方式进入水体时，可设法使雨水流经草地或者流经岸边砾石沟使之初步净化，再进入水体，这样可省略初期雨水弃流设施。当景观水体设计为雨季有水、旱季无水的形式时，水体可不进行水循环过滤处理。

  景观水体是最经济的雨水储存设施，当水体有条件设置雨水储存容积时，应利用水体储存雨水，而不应再另建雨水储存池。

【修改条文】

8.1.6 屋面雨水用于绿地和道路浇洒时，可采用下列处理工艺：

  雨水 → 初期径流弃流 → 雨水蓄水池沉淀 → 管道过滤器 → 浇洒。

8.1.7　屋面雨水与路面混合的雨水用于绿地和道路浇洒时，宜采用下列处理工艺：

雨水 → 初期径流弃流 → 沉砂 → 雨水蓄水池沉淀 → 过滤 → 消毒 → 浇洒。

【条文说明】

8.1.6、8.1.7　沉砂处理可采用沉砂井，蓄水池沉淀指雨水储存期间的自然沉淀，过滤采用筛网快速过滤器时，其孔径宜为 $100\sim500\mu m$。

【修改条文】

8.1.8　屋面雨水或其与路面混合的雨水用于空调冷却塔补水、运动草坪浇洒、冲厕或相似用途时，宜采用下列处理工艺：

雨水 → 初期径流弃流 → 沉砂 → 雨水蓄水池沉淀 → 絮凝过滤或气浮过滤 → 消毒 → 雨水清水池。

【条文说明】

8.1.8　这类用水的水质较绿地浇洒类的水质要求较高，故需要采用絮凝过滤或气浮。特别是对于北方的雨水，普通砂滤很难把雨水中的 COD_{Cr} 降到 $30mg/L$ 以内，故需要投加絮凝剂，同时严格做好初期雨水弃流。絮凝过滤宜采用砂滤料，粒径 $d\leqslant1.0mm$，滤层厚度 $H=800mm\sim1000mm$。混凝剂宜采用聚合氯化铝，投入量宜 $10mg/L$。当过滤水量 $\geqslant50m^3/h$ 可选用纤维球过滤器，反冲洗采用水气结合方式。

8.2　处理设施

【原条文】

8.2.2　雨水蓄水池可兼作沉淀池，其设计应符合现行国家标准《室外排水设计规范》GB 50014 的有关规定。

【修改条文】

8.2.2　雨水蓄水池可兼作沉淀池和清水池，并应符合下列规定：

　　1　水泵从水池吸水应吸上清液；

　　2　设置独立的水泵吸水井时，应使上清液流入吸水井，吸水井的有效容积不应低于设计流量的 20%，且不应小于 5m³。

【条文说明】

8.2.2 雨水在蓄水池中的停留时间较长，一般为 1d～3d 或更长，具有较好的沉淀去除效率，蓄水池的设置应充分发挥其沉淀功能。雨水供水泵从蓄水池吸水应尽量吸取上清液。

9　调 蓄 排 放

【原条文】

9.0.1 在雨水管渠沿线附近有天然洼地、池塘、景观水体，可作为雨水径流高峰流量调蓄设施，当天然条件不满足，可建造室外调蓄池。

【修改条文】

9.0.1 调蓄排放系统的雨水调蓄设施宜布置在汇水区下游，且应设置在室外。

9.0.2 自然水体和坑塘应进行保护。景观水体、池（湿）塘、洼地，宜作为雨水调蓄设施，当条件不满足时，可建造调蓄池。

【条文说明】

9.0.1 调蓄设施设室外而不设室内是为了避免雨水倒灌进室内。对于和建筑连通的下沉广场，雨水调蓄池设在室外确有困难时，可设置在室内。

9.0.2 在雨水管道设计中利用一些天然洼地、池塘、景观水体等作为调蓄池，对降低工程造价和提高系统排水的可靠性很有意义。若没有可供利用的天然洼地、池塘或景观水体作调蓄池，亦可采用人工修建的调蓄池。人工调蓄池的布置，既要考虑充分发挥工程效益，又要考虑降低工程造价。

此外，当需要设置雨水泵站时，若配套设置调蓄池，则可降低装机容量，减少泵站的造价。

【新增条文】

9.0.3 雨水调蓄容积应能排空，且应优先采用重力排空。

【条文说明】

9.0.3 调蓄设施能够排空是基本要素，如此才能实现调蓄功能。

【新增条文】

9.0.4 雨水调蓄设施采用重力排空时，应控制出水管渠流量，可采用设置流量控制井或利用出水管管径控制。

【条文说明】

9.0.4 调蓄设施重力排空为自动进行，不需人工操作，其排放流量应该进行控制。流量控制方式可采用流量控制井（成品），也可用排水管管径控制。

【新增条文】

9.0.5 雨水调蓄设施采用机械排空时，宜在雨后启泵排空。设于埋地调蓄池内的潜水泵应采用自动耦合式。

【条文说明】

9.0.5 排空水泵的流量应按本规范第4.3.7条确定。

【新增条文】

9.0.6 雨水汇水管道或沟渠应接入调蓄设施。当调蓄设施为埋地调蓄池时，应符合下列规定：

  1 雨水进入埋地调蓄池之前应进行沉砂和漂浮物拦截处理；

  2 水池进水口处和出水口处应设检修维护人孔，附近宜设给水栓；

  3 池内构造应保证具备泥沙清洗条件；

  4 宜设溢流设施，溢流雨水宜重力排除。

【条文说明】

9.0.6 雨水从池上游管道或水渠流入调蓄池，待池满后，进入水池的雨水经溢流管流入下游管道。水池截留的雨水待雨后经排水泵排入下游管道。排水泵也可在降雨过程中排水，但水泵的流量需要控制，不应超过汇水面按径流系数约0.2汇流的峰值流量。

调蓄池构造如图 23 所示。

当蓄水池有条件采用重力排水时，则水池边进水边排水。进水量小于出水量时，雨水全部流入下游干管而排走。当进水量大于出水量时，池内逐渐累积多余的水量，池内水位逐渐上升，直到进水量减少至小于池下游干管的通过能力时，池内水位才逐渐下降，至排空为止。

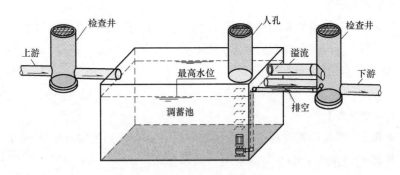

图 23   调蓄池示意

【新增条文】

9.0.7   调蓄池设于机动车行道下方时，宜采用钢筋混凝土池；设于非机动车行道下方时，宜采用装配式模块拼装组合水池，并采取防止机动车误入池上行驶的措施。

【新增条文】

9.0.8   模块拼装组合调蓄水池应符合下列规定：

　　1   池体强度应满足地面及土壤承载力的要求；

　　2   外层应采用不透水土工膜或性能相同的材料包覆；

　　3   池内构造应便于清除沉积泥沙；

　　4   水池应设混凝土底板；当底板低于地下水位时，水池应满足抗浮要求。

【新增条文】

9.0.9   景观水体和湿塘用于调蓄雨水时，应符合下列规定：

　　1　在景观设计水位和湿塘常水位的上方应设置调蓄雨水的空间；

　　2　雨水调蓄空间的雨水应能够排空，排空最低水位宜设于景观设计水位和湿塘的常水位处；

　　3　景观水体宜设前置区，并能沉淀径流中大颗粒污染物；前置区和水体之间宜设水生植物种植区；

　　4　湿塘的常水位水深不宜小于 0.5m；

　　5　湿塘应设置护栏、警示牌等安全防护与警示措施。

【条文说明】

9.0.9　水体和湿塘用于调蓄排放设施的构造类似于用作收集回用系统的雨水储存池，最主要的不同点在于作调蓄排放设施使用时，应在设计正常水位上方处设置雨水排放口且控制流量，而用于收集回用系统时不需要。参见本规范第 7.2.9 条条文说明。

【新增条文】

9.0.10　调蓄排放设施和收集回用系统的储水设施合用时，应采用机械排空，且不应在降雨过程中排水。

【条文说明】

9.0.10　当建设场地的应控制雨水量较大而雨水用户的用水量较小时，应设置收集回用和调蓄排放合用的储水设施。储存的雨水应先回用，待下次大雨到来前仍未回用完时再排放。

10　施 工 安 装

10.4　拼装组合水池

【新增条文】

10.4.1　水池、沟槽开挖与地基处理应符合下列规定：

　　1　基坑基底的原状土层不得扰动、受水浸泡或受冻；

　　2　地基承载力、地基的处理应符合水池荷载要求；

　　3　软弱地基应采用钢筋混凝土加固处理；

4　开挖基坑和沟槽，底边应留出不小于 0.5m 的安装宽度；

5　水池池底与管道沟槽槽底标高允许偏差±10mm。

检查数量：全数检查。

检查方法：现场核查及尺量检查。

【新增条文】

10.4.2　硅砂砌块拼装组合水池的钢筋混凝土底板施工应符合下列规定：

1　施工前应对地基基础复验；

2　渗透池应在底板上铺设透水土工布；

3　蓄水池应在底板浇筑前铺设不透水土工膜，底板下压埋的不透水土工膜宽度不应小于 500mm，且超出底板周边长度不应小于 300mm，设于底板下的不透水土工膜应在底板浇筑前完成焊接和检查工作；

4　养护期完成后，方可进行下一步施工。

检查数量：全数检查。

检查方法：现场核查及尺量检查。

【新增条文】

10.4.3　塑料模块拼装组合水池骨架安装应符合下列规定：

1　底板结构形式的选择应根据土壤承载能力和埋设深度确定；

2　渗透池应在底板上铺设透水土工布，蓄水池应在底板上铺设不透水土工膜；

3　模块的铺设和安装应从最下层开始，逐层向上进行；在安装底层模块时，应同时安装水池出水管；当有水池井室时应将井室就位，模块应连接成整体；

4　水池骨架安装到位后，应安装水池的进水管、出水管、通气管等附件；在水池骨架的四周和顶部应包裹土工布或土工膜并回填。

检查数量：全数检查。

检查方法：观察检查。

【新增条文】

10.4.4 硅砂砌块池体砌筑应符合下列规定：

1 铺浆砌筑池体应在底板验收合格后进行，砌筑前应将硅砂砌块用水浸透；

2 池体砌筑应采用水泥砂浆粘结砌块，从下往上逐层进行，层与层之间采用错缝砌筑；

3 管道穿过硅砂蓄水池墙体时，穿墙部位应做好防水；

4 砌筑后的池体应及时养护，不得遭受冲刷、震动或撞击；

5 人孔、排气孔、水流组织通道的施工应符合设计要求；

6 池体整体砌筑完成后，采用加气砌块把不规则的池壁取直；加气砌块采用水泥砂浆粘结；

7 池顶应采用钢筋混凝土预制板封盖，板间缝隙应用混凝土封堵；

8 池顶不透水土工膜上应铺粗砂保护层，铺设厚度宜为100mm。

检查数量：全数检查。

检查方法：观察及尺量检查。

【新增条文】

10.4.5 透水土工布、不透水土工膜施工应符合下列规定：

1 铺设前应对铺设面的渣土、尖锐物等进行清理；

2 铺设过程中，应减少交叉焊缝；在展膜过程中，不得强力拉扯土工布或土工膜，不许压出死折，焊缝焊接时，应把其上的浮土擦干净；

3 按设计铺膜方向，用热焊机焊接；焊接前，应先进行试焊，然后进行大面积焊接施工；

4 宜采用双道焊缝接缝方式，可在焊层之间充气测试焊接效果；焊接后，应及时对焊缝焊接质量进行检测；不透水土工膜的搭接宽度不应小于 100mm；

5 当不透水土工膜出现 T 形缝及双 T 形缝时，应采用母材补疤，疤的转角处均应修圆，焊接时应严格监控；在温度变化较大、风速变化较大时，应调节温度和速度，严禁拼缝弯曲、重叠、焊接不牢或烫穿焊缝。

检查数量：全数检查。

检查方法：观察及尺量检查。

【新增条文】

10.4.6 水池四周沟槽及顶部的回填，应符合下列规定：

1 回填应在水池外围包裹的土工布或土工膜工序完毕后尽快进行。

2 回填应沿水池四周进行，从水池底部向上对称分层实施、人工操作，不得采用机械推土回填，分层厚度不应大于 200mm；回填材质靠近土工布或土工膜一侧应为不小于 100mm 厚的中砂，外侧可用碎石屑或土质良好的原土。

3 水池顶面以上 500mm 内，应先在土工布或土工膜上铺 100mm 厚的中砂层，中砂层以上应人工回填夯实，每层厚度宜为 200mm，回填材料可用中砂、碎石屑或土质良好的原土；从水池顶面以上 500mm 外，应分层回填原土，可采用机械回填压实。

4 回填土密实度在设计无要求时，宜按下列规定执行：

1）水池四周沟槽宜为 90%；

2）水池顶面上部 500mm 内宜为 85%；

3）水池顶面上部 500mm 以上宜为 80%。

检查数量：全数检查。

检查方法：观察检查、尺量及测试仪表检查。

7 城市道路工程设计规范 CJJ37

本次局部修订的主编单位：北京市市政工程设计研究总院有
　　　　　　　　　　　　限公司
本次局部修订的参编单位：天津市市政工程设计研究院
　　　　　　　　　　　　重庆市设计院
本次规范的主要起草人员：和坤玲　王晓华　杨　斌　盛国荣
本规范主要审查人员：张　辰　包琦玮　李俊奇
　　　　　　　　　　赵　锂　白伟岚　任心欣

7.1 修订说明

本次局部修订是根据住房和城乡建设部《关于印发 2016 年工
程建设标准规范制订、修订计划的通知》（建标函〔2015〕274 号）
的要求，由北京市市政工程设计研究总院有限公司会同有关单位
对《城市道路工程设计规范》CJJ 37—2012 进行修订而成。

本次局部修订依据海绵城市建设对城市道路提出的相关要求，
对原有条文中道路分隔带及绿化带宽度、道路横坡坡向、路缘石
形式、道路路面以及绿化带入渗及调蓄要求、道路雨水排除原则
等相应修改或补充规定。本次局部修订条文合计 9 条，修订的主
要技术内容是：

1. 补充了需要在道路绿化带或分隔带中设置低影响开发设施
时，绿化带或分隔带的宽度要求，以及各种设施间的设计要求。

2. 增加立缘石的类型和布置形式。

3. 细化了道路横坡的坡向规定。

4. 按海绵城市建设的要求补充道路雨水低影响开发设计的原
则和要求。

5. 按《室外排水设计规范》GB 50014 修订的内容，调整了道
路排水采用的暴雨强度的重现期规定。

6. 补充了低影响开发设施内植物的种植要求。

7.2 主要修订条款（局部修订）

5 横 断 面

【原条文】

5.3.4 路侧带可由人行道、绿化带、设施带等组成（图5.3.4），路侧带的设计应符合下列规定：

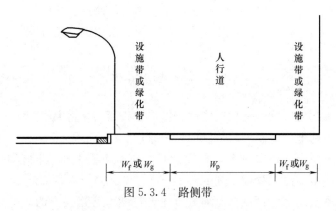

图 5.3.4 路侧带

1 人行道宽度必须满足行人安全顺畅通过的要求，并应设置无障碍设施。人行道最小宽度应符合表 5.3.4 的规定。

表 5.3.4 人行道最小宽度

项目	人行道最小宽度（m）	
	一般值	最小值
各级道路	3.0	2.0
商业或公共场所集中路段	5.0	4.0
火车站、码头附近路段	5.0	4.0
长途汽车站	4.0	3.0

2 绿化带的宽度应符合现行行业标准《城市道路绿化规划与设计规范》CJJ 75 的相关要求。

3 设施带宽度应包括设置护栏、照明灯柱、标志牌、信号灯、城市公共服务设施等的要求，各种设施布局应综合考虑。设施带可与绿化带结合设置，但应避免各种设施与树木间的干扰。

【修改条文】

5.3.4 路侧带可由人行道、绿化带、设施带等组成（图 5.3.4），路侧带的设计应符合下列规定：

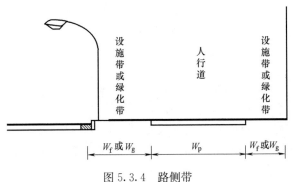

图 5.3.4　路侧带

1 人行道宽度必须满足行人安全顺畅通过的要求，并应设置无障碍设施。人行道最小宽度应符合表 5.3.4 的规定。

表 5.3.4　人行道最小宽度

项目	人行道最小宽度（m）	
	一般值	最小值
各级道路	3.0	2.0
商业或公共场所集中路段	5.0	4.0
火车站、码头附近路段	5.0	4.0
长途汽车站	4.0	3.0

2 绿化带的宽度应符合现行行业标准《城市道路绿化规划与设计规范》CJJ 75 的相关要求。<u>当绿化带内设置雨水调蓄设施时，绿化带的宽度还应满足所设置设施的宽度要求。</u>

3 设施带宽度应包括设置护栏、照明灯柱、标志牌、信号灯、城市公共服务设施等的要求，各种设施布局应综合考虑。<u>设施带可与绿化带结合设置，但应避免各种设施间以及与树木的相</u>

互干扰。<u>当绿化带设置雨水调蓄设施时，应保证绿化带内设施及相邻路面结构的安全，必要时，应采取相应的防护及防渗措施。</u>

【条文说明】

5.3.4 该条规定与《城市道路设计规范》CJJ 37—90 一致。

车行道最外侧路缘石至道路红线范围为路侧带。路侧带宽度包括人行道、绿化带和设施带。

1 人行道宽度指专供行人通行的部分，应满足行人通行的安全和顺畅。人行道宽度按下式计算。

$$W_{\mathrm{p}} = N_{\mathrm{w}} / N_{\mathrm{w1}} \tag{3}$$

式中 W_{p}——人行道宽度（m）；

N_{w}——人行道高峰小时行人流量，（P/h）；

N_{w1}——1m 宽人行道的设计通行能力，（P/h·m）。

根据调查资料，我国城市道路中人行道宽度一般为 2m～10m，商业街、火车站、长途汽车站附近路段人流密度大，携带的东西多，因此应比一般路段人行道宽。

人行道宽度除了满足通行需求外，还应结合道路景观功能，力求与横断面中各部分的宽度协调，各类道路的单侧人行道宽度宜与道路总宽度之间有适当的比例，其合适的比值可参考表 6 选用。对行人流量大的道路应采用大值。

表 6 单侧人行道宽度与道路总宽度之比值参考表

道路类别	横断面形式			道路类别	横断面形式		
	单幅式	两幅式	三幅式		单幅式	两幅式	三幅式
快速路		1/6～1/8		次干路	1/4～1/6		1/4～1/7
主干路	1/5～1/7		1/5～1/8	支路	1/3～1/5		

2 绿化带是指在道路路侧为行车及行人遮阳并美化环境，保证植物正常生长的场地。当种植单排行道树时，绿化带最小宽度为 1.5m。

3 设施带是指在道路两侧为护栏、灯柱、标志牌等公共服务设施等提供的场地。不同设施独立设置时占用宽度见表 7。

表7 不同设施独立设置时占用宽度

项 目	宽度（m）
行人护栏	0.25～0.5
灯柱	1.0～1.5
邮箱、垃圾箱	0.6～1.0
长凳、座椅	1.0～2.0
行道树	1.2～1.5

根据调查我国各城市设置杆柱的设施带宽度多数为1.0m，有些城市为0.5m～1.5m，考虑有些杆线需设基础，宽度较大，设计时应根据实际情况确定，并可与绿化带结合设置。

根据上面所述，绿化带及设施带是人行道的重要组成部分，而现有城市道路中，人行道的宽度规划设计仅为3m～5m宽，未考虑设施和绿化要求，如考虑后人行的有效宽度所剩不多。要求设计中应保证行人、绿化、设施三方面的功能，并给予一定的宽度，这样才能充分体现"以人为本"的原则。

道路范围内采用的低影响开发设施主要以调蓄和截污为主，包括透水路面、下凹式绿化带、生态树穴、环保型雨水口、雨水弃流井、排水U槽、渗透溢流井、渗水盲沟（管）、排水式立缘石等，根据断面布局、市政管线的布置等条件组合设置。若在道路绿化带或分隔带中设置设施，需根据当地降雨和地质条件计算具体尺寸，同时不同类型的设施从构造上对宽度有不同要求，因此对设置低影响开发设施的绿化带或分隔带的宽度在规范中不作具体规定，需根据实际情况计算，满足所设置设施的宽度之和。

当绿化带或分隔带内设置调蓄时，除了应避免各种设施与树木、调蓄设施间，包括构造物基础等宽度之间的干扰外。由于下沉式绿地具有蓄水、净化和缓排功能，雨季水位高，平时湿度大，各种设施除应确保结构稳定安全以外，还要根据防水防潮需求采取适当措施，特别是电气类设施。同时也要防止雨水下渗对道路路基的强度和稳定性造成破坏。

【原条文】

5.3.5 分车带的设置应符合下列规定：

1 分车带按其在横断面中的不同位置及功能，可分为中间分车带（简称中间带）及两侧分车带（简称两侧带），分车带由分隔带及两侧路缘带组成（图5.3.5）。

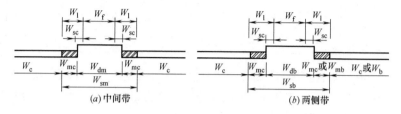

图5.3.5 分车带

2 分车带最小宽度应符合表5.3.5的规定。

表5.3.5 分车带最小宽度

类 别		中间带		两侧带	
设计速度（km/h）		≥60	<60	≥60	<60
路缘带宽度（m）	机动车道	0.50	0.25	0.50	0.25
	非机动车	—	—	0.25	0.25
安全带宽度 W_{sc}（m）	机动车道	0.25	0.25	0.25	0.25
	非机动车	—	—	0.25	0.25
侧向净宽 W_1（m）	机动车道	0.75	0.50	0.75	0.50
	非机动车	—	—	0.50	0.50
分隔带最小宽度（m）		1.50	1.50	1.50	1.50
分车带最小宽度（m）		2.50	2.00	2.50(2.25)	2.00

注：1 侧向净宽为路缘带宽度与安全带宽度之和；
    2 两侧带分隔带宽度中，括号外为两侧均为机动车道时取值；括号内数值为一侧为机动车道，另一侧为非机动车道时的取值；
    3 分隔带最小宽度值系按设施带宽度为1m考虑的，具体应用时，应根据设施带实际宽度确定。

3 分隔带应采用立缘石围砌，需要考虑防撞要求时，应采用相应等级的防撞护栏。

【修改条文】

5.3.5 分车带的设置应符合下列规定：

1 分车带按其在横断面中的不同位置及功能，可分为中间分车带（简称中间带）及两侧分车带（简称两侧带），分车带由分隔带及两侧路缘带组成（图 5.3.5）。

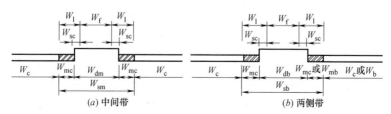

图 5.3.5 分车带

2 分车带最小宽度应符合表 5.3.5 的规定。

表 5.3.5 分车带最小宽度

类别		中间带		两侧带	
设计速度（km/h）		≥60	<60	≥60	<60
路缘带宽度（m）	机动车道	0.50	0.25	0.50	0.25
	非机动车道	—	—	0.25	0.25
安全带宽度 W_{sc}（m）	机动车道	0.25	0.25	0.25	0.25
	非机动车	—	—	0.25	0.25
侧向净宽 W_1（m）	机动车道	0.75	0.50	0.75	0.50
	非机动车	—	—	0.50	0.50
分隔带最小宽度（m）		1.50	1.50	1.50	1.50
分车带最小宽度（m）		2.50	2.00	2.50(2.25)	2.00

注：1 侧向净宽为路缘带宽度与安全带宽度之和；
  2 两侧带分隔带宽度中，括号外为两侧均为机动车道时取值；括号内数值为一侧为机动车道，另一侧为非机动车道时的取值；
  3 分隔带最小宽度值系按设施带宽度为 1m 考虑的，具体应用时，应根据设施带实际宽度确定。
  <u>4 当分隔带内设置雨水调蓄设施时，宽度还应满足所设置设施的宽度要求。</u>

3 分隔带应采用立缘石围砌，需要考虑防撞要求时，应采用相应等级的防撞护栏。<u>当需要在道路分隔带中设置雨水调蓄设施时，立缘石的设置形式应满足排水的要求。</u>

【条文说明】

5.3.5 分隔带为沿道路纵向设置的分隔车行道用的带状设施，其作用是分隔交通、安设交通标志、公用设施与绿化等，此外还可在路段为设置港湾停车站，在交叉口为增设车道提供场地以及保留远期路面展宽的可能。分隔带及两侧路缘带组成分车带。路缘带是位于车行道两侧与车道相衔接的用标线或不同的路面颜色划分的带状部分，其作用是保障行车安全。

本次编制中，在满足行车安全的前提下，对《城市道路设计规范》CJJ 37—90 中路缘带、安全带按设计速度 80km/h、60km/h 和 50km/h、40km/h 三档规定，修订为按设计速度 60km/h 为界分为两档，与车道宽度的分界一致，也更便于使用。取值除了设计速度 50km/h 的路缘带宽度由原规定的 0.5m 修订为 0.25m 外，其余规定均未变化。

为满足道路行车安全的需要，车行道边一般设置立缘石。当在道路分隔带中设置下沉式绿地时，车行道雨水需汇集进入下沉式绿地，立缘石应设置开口、开孔形式或间断设置，以满足路面雨水通过立缘石流入绿化带的要求。

5.4 路拱与横坡

【原条文】

5.4.2 单幅路应根据道路宽度采用单向或双向路拱横坡；多幅路应采用由路中线向两侧的双向路拱横坡；人行道宜采用单向横坡。

【修改条文】

5.4.2 单幅路应根据道路宽度采用单向或双向路拱横坡；多幅路应采用由路中线向两侧的双向路拱横坡、人行道宜采用单向横坡，坡向应朝向雨水设施设置位置的一侧。

【条文说明】

5.4.2 采用单向坡时一般采用直线形路拱，双向坡时应采用抛物线加直线的路拱。为便于雨水的收集，道路坡向应朝向雨水设施设置位置的一侧。当道路设置超高时，雨水设施应按道路超高坡向的位置设置，保证道路的安全行驶。

5.5　缘　　石

【原条文】

5.5.2　立缘石宜设置在中间分隔带、两侧分隔带及路侧带两侧。当设置在中间分隔带及两侧分隔带时，外露高度宜为 15cm～20cm；当设置在路侧带两侧时，外露高度宜为 10cm～15cm。

【修改条文】

5.5.2　立缘石宜设置在中间分隔带、两侧分隔带及路侧带两侧。当设置在中间分隔带及两侧分隔带时，外露高度宜为15cm～20cm；当设置在路侧带两侧时，外露高度宜为 10cm～15cm。排水式立缘石尺寸、开孔形状等应根据设计汇水量计算确定。

【条文说明】

5.5.2　立缘石是指顶面高出路面的路缘石，有标定车行道范围和纵向引导排除路面水的作用。其外露高度是考虑满足行人上下及车门开启的要求确定的，一般高出路面 10cm～20cm。排水式立缘石尺寸、开孔形状或间断设置的距离应根据汇水量计算确定。

12　路基和路面

12.3　路　　面

【原条文】

12.3.2　路面面层类型的选用应符合表 12.3.2 的规定，并应符合下列规定：

表 12.3.2　路面面层类型及适用范围

面层类型	适用范围
沥青混凝土	快速路、主干路、次干路、支路、城市广场、停车场
水泥混凝土	快速路、主干路、次干路、支路、城市广场、停车场
贯入式沥青碎石、上拌下贯式沥青碎石、沥青表面处治和稀浆封层	支路、停车场
砌块路面	支路、城市广场、停车场

1 道路经过景观要求较高的区域或突出显示道路线形的路段，面层宜采用彩色。

2 综合考虑雨水收集利用的道路，路面结构设计应满足透水性的要求。

3 道路经过噪声敏感区域时，宜采用降噪路面。

4 对环保要求较高的路段或隧道内的沥青混凝土路面，宜采用温拌沥青混凝土。

【修改条文】

12.3.2 路面面层类型的选用应符合表 12.3.2 的规定，并应符合下列规定：

表 12.3.2 路面面层类型及适用范围

面层类型	适用范围
沥青混凝土	快速路、主干路、次干路、支路、城市广场、停车场
水泥混凝土	快速路、主干路、次干路、支路、城市广场、停车场
贯入式沥青碎石、上拌下贯式沥青碎石、沥青表面处治和稀浆封层	支路、停车场
砌块路面	支路、城市广场、停车场

1 道路经过景观要求较高的区域或突出显示道路线形的路段，面层宜采用彩色。

2 综合考虑雨水收集利用的道路，路面结构设计应满足透水性的要求，并应符合现行行业标准《透水砖路面技术规程》CJJ/T 188、《透水沥青路面技术规程》CJJ/T 190 和《透水水泥混凝土路面技术规程》CJJ/T 135 的有关规定。

3 道路经过噪声敏感区域时，宜采用降噪路面。

4 对环保要求较高的路段或隧道内的沥青混凝土路面，宜采用温拌沥青混凝土。

【条文说明】

12.3.2 路面面层类型的选用不仅要考虑道路的类型和等级，更需要考虑不同面层的适用范围。道路设计中应针对不同性质、功能的场所选用相应的铺面类型。

近年来，随着对城市道路环保和景观要求的日益提高，科研人员研发了一批新型沥青混合料，并得到成功应用，如温拌沥青混凝土、大孔隙沥青混凝土、彩色沥青混凝土、透水水泥混凝土路面、透水沥青路面、透水砖路面等。并且已有相应的专用规范。因此，本规范只对各种路面结构的使用条件作原则规定，具体的设计要求，可详见相关规范。

15 管线、排水和照明

15.3 排 水

【原条文】

15.3.1 城市建成区内道路排水应采用管道形式，城市外围道路可采用边沟排水，设计时应根据区域排水规划、道路设计和沿线地形环境条件综合选择。

【修改条文】

15.3.1 城市道路排水设计应根据区域排水规划、道路设计和沿线地形环境条件，综合考虑道路排水方式。城市建成区内道路排水应采用管道形式，城市外围道路可采用边沟排水。在满足道路基本功能的前提下，应达到相关规划提出的低影响开发控制目标与指标要求。

【条文说明】

15.3.1 道路排水工程往往结合区域排水工程建设，是城市排水工程的一部分，应符合城市排水工程的一般要求。海绵城市建设涉及城市水系、排水防涝、绿地系统、道路交通等多方面，需要从径流源头、中途和末端综合控制，因此，海绵城市建设应贯彻规划引领、统筹建设的原则，控制目标和指标必须从规划层面统筹考虑，分解到相关的专项规划之中，在建筑与小区、城市道路、绿地与广场、水系等的建设中具体落实。城市道路应在不削弱道路基本功能的前提下，落实海绵城市建设规划提出的控制目标。

【原条文】

15.3.2 道路的地面水必须采取可靠的排除措施，应保证路面水迅速排除。

【修改条文】

15.3.2 道路的地面水必须采取可靠的措施，迅速排除。

【条文说明】

15.3.2 "道路地面水"包括道路范围内的车行道、人行道、分隔带、绿地、边坡的地面水，以及其他可能进入道路范围内的地面水。

【原条文】

15.3.4 城市道路地面雨水径流量应按照设计暴雨强度进行计算。道路排水采用的暴雨强度的重现期应根据气候特征、地形条件、道路类别和重要程度等因素确定，并应符合下列规定：

　　1 对城市快速路、重要的主干路、立交桥区和短期积水即能引起严重后果的道路，宜采用 3 年～5 年；其他道路宜采用 0.5 年～3 年，特别重要路段和次要路段可酌情增减。

　　2 当道路排水工程服务于周边地块时，重现期的取值还应符合地块的规划要求。

【修改条文】

15.3.4 城市道路排水设计重现期、径流系数等设计参数应按现行国家标准《室外排水设计规范》GB 50014 中的相关规定执行。

【条文说明】

15.3.4 道路排水设计的具体指标采用现行国家标准《室外排水设计规范》GB 50014 中的相关规定，本规范不另行规定。

16　绿化和景观

16.2　绿　　化

【原条文】

16.2.2 道路绿化设计应符合下列规定：

1 道路绿化设计应选择种植位置、种植形式、种植规模，采用适当的树种、草皮、花卉。绿化布置应将乔木、灌木与花卉相结合，层次鲜明。

2 道路绿化应选择能适应当地自然条件和城市复杂环境的地方性树种，应避免不适合植物生长的异地移植。

3 对宽度小于 1.5m 分隔带，不宜种植乔木。对快速路的中间分隔带，不宜种植乔木。

4 主、次干路中间分车绿带和交通岛绿地不应布置成开放式绿地。

5 被人行横道或道路出入口断开的分车绿带，其端部应满足停车视距要求。

【修改条文】

16.2.2 道路绿化设计应符合下列规定：

1 道路绿化设计应选择种植位置、种植形式、种植规模，采用适当的树种、草皮、花卉。绿化布置应将乔木、灌木与花卉相结合，层次鲜明。

2 道路绿化应选择能适应当地自然条件和城市复杂环境的地方性树种，应避免不适合植物生长的异地移植。设置雨水调蓄设施的道路绿化用地内植物宜根据水分条件、径流雨水水质等进行选择，宜选择耐淹、耐污等能力较强的植物。

3 对宽度小于 1.5m 分隔带，不宜种植乔木。对快速路的中间分隔带，不宜种植乔木。

4 主、次干路中间分车绿带和交通岛绿地不应布置成开放式绿地。

5 被人行横道或道路出入口断开的分车绿带，其端部应满足停车视距要求。

【条文说明】

16.2.2 道路绿化设计应综合考虑沿街建筑性质、环境、日照、通风等因素，分段种植。在同一路段内的树种、形态、高矮与色彩不宜变化过多，并做到整齐规则和谐一致。绿化布置应注意乔木与灌木、落叶与常绿、树木与花卉草皮相结合，色彩和谐，层

次鲜明,四季景色不同。<u>设置调蓄设施的道路绿化带内的植物选择还应考虑植物的耐淹、耐盐、耐污等要求。</u>

根据城市绿化养护单位较多提出中央隔离带植物养护难的问题,本条规定种植树木的中央隔离带的最小宽度不应小于1.5m;是对窄隔离带上种植植物品种的限制,应选便于养护的品种。

8 城市绿地设计规范 GB 50420

本次局部修订的主编单位、参编单位、主要起草人和主要审查人

主 编 单 位：上海市园林设计院有限公司

参 编 单 位：中国城市建设研究院有限公司

主要起草人：朱祥明　秦启宪　茹雯美　杨　军

　　　　　　张希波　王媛媛

主要审查人：张　辰　包琦玮　赵　锂　白伟岚

　　　　　　李俊奇　任心欣

8.1 修订说明

本次局部修订是根据住房和城乡建设部《关于印发 2012 年工程建设标准规范制订修订计划的通知》（建标〔2012〕5 号）的要求，由上海市园林设计院有限公司会同有关单位对《城市绿地设计规范》GB 50420—2007 进行修订而成。

本次局部修订主要技术内容是：根据住房和城乡建设部 2014 年颁布的《海绵城市建设技术指南——低影响开发雨水系统构建（试行）》的要求，对原规范中与海绵城市建设技术指南中的要求不协调的技术条文进行了修改，并增加了城市绿地海绵城市建设的原则和技术措施的条文。

8.2 主要修订条款（局部修订）

2 术 语

【新增条文】

<u>**2.0.19A 湿塘 wet basin**</u>

<u>用来调蓄雨水并具有生态净化功能的天然或人工水塘，雨水</u>

是主要补给水源。

【新增条文】

2.0.19B 雨水湿地 stormwater wetland

通过模拟天然湿地的结构和功能，达到对径流雨水水质和洪峰流量控制目的的湿地。

【新增条文】

2.0.19C 植草沟 grass swale

用来收集、输送、削减和净化雨水径流的表面覆盖植被的明渠，可用于衔接海绵城市其他单项设施、城市雨水管渠和超标雨水径流排放系统。主要形式有转输型植草沟、渗透形干式植草沟和经常有水的湿式植草沟。

【新增条文】

2.0.19D 生物滞留设施 bioretention system，bioretention cell

通过植物、土壤和微生物系统滞留、渗滤、净化径流雨水的设施。

【新增条文】

2.0.19E 生态护岸 ecological slope protection

采用生态材料修建、能为河湖生境的连续性提供基础条件的河湖岸坡，以及边坡稳定且能防止水流侵袭、淘刷的自然堤岸的统称，包括生态挡墙和生态护坡。

3 基 本 规 定

【原条文】

3.0.12 城市绿地中涉及游人安全处必须设置相应警示标识。

【修改条文】

3.0.12 城市绿地中涉及游人安全处必须设置相应警示标识。城市绿地中的大型湿塘、雨水湿地等设施必须设置警示标识和预警系统，保证暴雨期间人员的安全。

【条文说明】

3.0.12 本条款的后半部分是结合海绵城市建设而新增的，明确了城市绿地内的所有海绵设施必须有相关安全保障措施，确保人身安全。

【原条文】

3.0.14 城市绿地设计应积极选用环保材料，宜采取节能措施，充分利用太阳能、风能以及中水等资源。

【修改条文】

3.0.14 城市绿地设计宜选用环保材料，宜采取节能措施，充分利用太阳能、风能以及雨水等资源。

【新增条文】

3.0.15 城市绿地的设计宜采用源头径流控制设施，满足城市对绿地所在地块的年径流总量控制要求。

【条文说明】

3.0.15 在城市绿地设计时应满足海绵城市专项规划对于绿地年径流总量的控制要求，协调落实好源头径流控制设施。

【新增条文】

3.0.15A 海绵型城市绿地的设计应遵循经济性、适用性原则，依据区域的地形地貌、土壤类型、水文水系、径流现状等实际情况综合考虑并应符合下列规定：

    1 海绵型城市绿地的设计应首先满足各类绿地自身的使用功能、生态功能、景观功能和游憩功能，根据不同的城市绿地类型，制定不同的对应方案；

    2 大型湖泊、滨水、湿地等绿地宜通过渗、滞、蓄、净、用、排等多种技术措施，提高对径流雨水的渗透、调蓄、净化、利用和排放能力；

    3 应优先使用简单、非结构性、低成本的源头径流控制设施；设施的设置应符合场地整体景观设计，应与城市绿地的总平

面、竖向、建筑、道路等相协调;

　　4　城市绿地的雨水利用宜以入渗和景观水体补水与净化回用为主,避免建设维护费用高的净化设施。土壤入渗率低的城市绿地应以储存、回用设施为主;城市绿地内景观水体可作为雨水调蓄设施并与景观设计相结合;

　　5　应考虑初期雨水和融雪剂对绿地的影响,设置初期雨水弃流等预处理设施。

【条文说明】

3.0.15A　城市绿地应该结合海绵城市建设的要求,根据各地区的自然经济实际情况,因地制宜地合理设置各类源头径流控制设施。

　　1　本款明确了城市绿地的海绵型设计,首先应该确保满足各类绿地自身的定位功能,避免本末倒置。不同的城市绿地类型应该根据基地的实际情况与需求采用与其相对应的低影响开发设施。

　　2　本款明确了大型湖泊、滨水、湿地等绿地除了满足生态景观功能以外,在设计时应根据基地的实际情况与需求提升对雨水排放、吸纳的能力。

　　3　绿地的海绵型设计应该贯彻实用、经济并与绿地的总体设计及相关专业相协调的原则。

　　4　雨水利用应满足节约型原则,应尽量使用生态自然的雨水收集方式,避免资源的浪费。本款也提出了土壤渗透率低的地方,对雨水收集利用的原则。提出了在满足绿地景观效果的同时,也可利用城市绿地的景观水体作为雨水调蓄设施。

　　5　在降雨初期及北方使用融雪剂的地区,雨水会夹杂着部分油污、化学剂等易污染物,流入绿地,不利于植物的正常生长,为了保证流入绿地内的雨水相对干净,需要在设计时考虑安装初期雨水弃流装置或弃流井,确保城市绿地不受污染。

4　竖　向　设　计

【原条文】

4.0.1　城市绿地的竖向设计应以总体设计布局及控制高程为依据。

【修改条文】

4.0.1 城市绿地的竖向设计应以总体设计布局及控制高程为依据，营造有利于雨水就地消纳的地形并应与相邻用地标高相协调，有利于相邻其他用地的排水。

【条文说明】

4.0.1 本条提出在城市绿地的竖向设计时，既要考虑绿地内的功能需求及海绵型设计，同时也应该考虑绿地周边其他用地的排水。

5 种 植 设 计

【原条文】

5.0.1 种植设计应以绿地总体设计对植物布局的要求为依据。

5.0.2 种植设计应优先选择符合当地自然条件的适生植物。

【修改条文】

5.0.1 种植设计应以绿地总体设计对植物布局的要求为依据，并应优先选择符合当地自然条件的适生植物。

【条文说明】

5.0.1 按照绿地总体设计对植物布局、功能、空间、尺度、形态及主要树种的要求进行种植设计；根据海绵城市建设的要求，在绿地内选择抗逆性强、节水耐旱、抗污染、耐水湿的树种，可降低绿地建设管理过程中资源和能源消耗。

【新增条文】

5.0.2 设有生物滞留设施的城市绿地，应栽植耐水湿的植物。

【条文说明】

5.0.2 绿地生物滞留设施的植物种类选择应根据滞水深度、雨水渗透时间、种植土厚度，水污染物负荷及不同植物的耐水湿程度等条件确定。

【原条文】

5.0.5 绿地种植土壤的理化性状应符合当地有关植物种植的土壤标准。

【修改条文】

5.0.5　应根据场地气候条件、土壤特性选择适宜的植物种类及配置模式。土壤的理化性状应符合当地有关植物种植的土壤标准，并应满足雨水渗透的要求。

【条文说明】

5.0.5　绿地土壤应满足雨水渗透的要求，不满足渗透要求的应进行土壤改良。土壤改良宜使用枯枝落叶等园林绿化废弃物、有机肥、草炭等有机介质，促进土壤团粒结构形成，增加土壤的渗透能力。土壤的理化性状指标可按现行行业标准《绿化种植土壤》CJ/T 340 的规定执行。

6　道路、桥梁

6.1　道　　路

【新增条文】

6.1.5　城市绿地内的道路应优先采用透水、透气型铺装材料及可再生材料。透水铺装除满足荷载、透水、防滑等使用功能和耐久性要求外，尚应符合下列规定：

　　1　透水铺装对道路路基强度和稳定性的潜在风险较大时，可采用半透水铺装结构；

　　2　土壤透水能力有限时，应在透水铺装的透水基层内设置排水管或排水板；

　　3　当透水铺装设置在地下室顶板上时，顶板覆土厚度不应小于 600mm 并应设置排水层。

【条文说明】

6.1.5　透水铺装适用区域广、施工方便，可补充地下水并具有一定的峰值流量削减和雨水净化作用，在城市绿地内应优先考虑利用透水铺装消纳自身径流雨水，有条件的地区建议新建绿地内透水铺装率不低于 50%，改建绿地内透水铺装率不低于 30%；但透水铺装易堵塞，寒冷地区有被冻融破坏的风险，因此在城市绿地内使用透水铺装时，必须考虑其适用性，选用不同的材料和透水方式，并采取必要的措施以防止次生灾害或地下水污染的发生。透水铺装结构还应符合现行行业标准《透水砖路面技术规程》CJJ/T 188、《透水沥青路面技术规程》CJJ/T 190 和《透水水泥混凝土路面技术规程》CJJ/T 135 的规定。

【新增条文】

6.1.5A 湿陷性黄土与冰冻地区的铺装材料应根据实际情况确定。

7 园林建筑、园林小品

7.1 园 林 建 筑

【新增条文】

7.1.2A 城市绿地内的建筑应充分考虑雨水径流的控制与利用。屋面坡度小于或等于15°的单层或多层建筑宜采用屋顶绿化。

【条文说明】

7.1.2A 绿色屋顶可有效减少屋面径流总量和径流污染负荷，具有节能减排的作用，城市绿地内的建筑一般体量较小，以一、二层为主，功能较单一，有实施屋顶绿化的基础，同时还能结合景观环境一起设计，有利于建筑与景观的融合，因此城市绿地内有条件设置绿色屋顶的建筑宜优先考虑绿色屋顶。绿色屋顶的设计可参考现行行业标准《种植屋面工程技术规程》JGJ 155，同时应符合现行国家标准《屋面工程技术规范》GB 50345 的规定。

【新增条文】

7.1.2B 公园绿地应避免地下空间的过度开发，为雨水回补地下水提供渗透路径。

【条文说明】

7.1.2B 根据住房和城乡建设部 2014 年颁布的《海绵城市建设技术指南——低影响开发雨水系统构建（试行）》的要求，应限制地下空间的过度开发，为雨水回补地下水提供渗透路径。公园绿地是纳入城市建设用地平衡，向公众开放，以游憩为主要功能，兼具生态、美化、文化、教育、防灾等作用的绿地，在城市建设用地中的比例通常在 12% 左右。为此提出限制其地下空间开发的要求。

8 给水、排水及电气

8.2 排 水

【原条文】

8.2.3 绿地内雨水的排放宜利用地形，以地面径流方式排入道路雨水系统或其他雨水系统。绿地排水宜采用明沟、盲沟、透水管（板）、雨水口等集水、排水措施。

【修改条文】

8.2.3 绿地中雨水排水设计应根据不同的绿地功能，选择相应的雨水径流控制和利用的技术措施。

【条文说明】

8.2.3 规定了绿地雨水排水设计的基本原则、方式。

2014 年住房和城乡建设部出台了《海绵城市建设技术指南》，用以指导各地在新型城镇化建设过程中，推广和应用低影响开发建设模式，加大城市径流雨水源头减排的刚性约束，优先利用自然排水系统，建设生态排水设施，充分发挥城市绿地、道路、水系等对雨水的吸纳、蓄渗和缓释作用，使城市开发建设后的水文特征接近开发前，有效缓解城市内涝、削减城市径流污染负荷、节约水资源、保护和改善城市生态环境，为建设具有自然积存、自然渗透、自然净化功能的海绵城市提供重要保障。绿地海绵城市建设所构建的低影响开发雨水系统，宜依据下渗减排和集蓄利用的原则，采用渗、滞、蓄、净、用、排等多种技术措施，使绿地年径流总量控制率不低于 70%，年径流污染控制率不低于 75%，雨水资源利用率不低于 10%。各地应结合水环境现状、水文地质条件等特点，合理选择其中一项或多项目标作为设计控制目标。

【新增条文】

8.2.4 化工厂、传染病医院、油库、加油站、污水处理厂等附属绿地以及垃圾填埋场等其他绿地，不应采用雨水下渗减排的方式。

【条文说明】

8.2.4 径流总量控制途径包括雨水的下渗减排和直接集蓄利用。但是在径流污染严重的绿地为避免对地下水和周边水体造成污染，不应用下渗减排方式。

【新增条文】

8.2.5 绿地宜利用景观水体、雨水湿地、渗管/渠等措施就地储存雨水，应用于绿地灌溉、冲洗和景观水体补水，并应符合下列规定：

 1 有条件的景观水体应考虑雨水的调蓄空间，并应根据汇水面积及降水条件等确定调蓄空间的大小。

 2 种植地面可在汇水面低洼处设置雨水湿地、碎石盲沟、渗透管沟等集水设施，所收集雨水可直接排入绿地雨水储存设施中。

 3 建筑屋顶绿化和地下建筑及构筑物顶板上的绿地应有雨水排水措施，并应将雨水汇入绿地雨水储存设施中。

 4 进入绿地的雨水，其停留时间不得大于植物的耐淹时间，一般不得超过 48h。

【条文说明】

8.2.5 本条主要对绿地雨水集蓄利用做一些规定。实施过程中，雨水下渗减排和资源化利用的比例需依据实际情况，通过合理的技术经济比较来确定。缺水地区可结合实际情况制定基于直接集蓄利用的雨水资源化利用目标。

9 公园设计规范 GB 51192

本规范主编单位：北京市园林绿化局

本规范参编单位：北京市园林古建设计研究院有限公司

北京山水心源景观设计院有限公司

中国城市建设研究院有限公司

中国城市规划设计研究院

本规范参加单位：重庆市风景园林规划研究院

广州园林建筑规划设计院

杭州园林设计院股份有限公司

昆明市园林规划设计院

上海市园林设计院有限公司

深圳市北林苑景观及建筑规划设计院有限公司

石家庄市园林规划设计研究院

苏州园林设计院有限公司

天津市园林规划设计院

乌鲁木齐市园林设计研究院有限责任公司

郑州市园林规划设计院

华中农业大学

本规范主要起草人员：

朱志红	白伟岚	丘 荣	强 健
朱 虹	韩炳越	端木歧	周 波
高大伟	马会岭	遇 琦	唐进群
刘杏服	杨春明	王媛媛	付松涛
陈小玲	赵 辉	吕建强	王 昊
李 红	李 青	付传静	何 昉
廖聪全	盛澍培	王思思	谢爱华
姚崇怀	杨一力	殷子伟	周 为

朱祥明
本规范主要审查人员：徐　波　高　翅　景长顺　李浩年
　　　　　　　　　　李炜民　李占修　郄燕秋　瞿　志
　　　　　　　　　　王磐岩　王香春　吴雪萍　徐　华

9.1　修 订 说 明

根据住房和城乡建设部《关于印发〈2009 年工程建设标准规范制订、修订计划〉的通知》（建标〔2009〕88 号）的要求，规范编制组经广泛调查研究，认真总结实践经验，参考有关国际标准和国外先进标准，并在广泛征求意见的基础上，编制了本规范。

本次修订适应中国园林事业蓬勃发展，公园的内涵，投资主体，服务功能不断拓展的要求，落实节能减排，绿色发展的理念。

本次修订的主要相关技术内容如下：

（1）术语增加了雨水控制利用等项。

（2）基本规定涉及 5 条，涉及公园与城市水系相邻时，同城市水系的协调关系；公园雨水控制利用目标的设定原则；水体面积计算依据；明确雨水控制利用设施是公园内应设设施；公园游人容量要考虑开展水上活动的游人容量。

（3）总体设计涉及 5 条，针对现状处理对于地形、水体的保护要求；地形布局要利于雨水控制利用的原则；公园水系设计的要求；竖向控制要求。

（4）地形设计涉及 5 条，5.1 高程和坡度设计 2 条；5.3 水体外缘 3 条。

（5）园路及铺装场地涉及 4 条，涉及 6.1 园路 2 条（6.1.6，6.1.11），6.2 铺装场地 2 条（6.2.4，6.2.5）。

（6）种植设计涉及 2 条，针对排水明沟、盲沟、给水排水管线同乔木、灌木的水平空间距离的控制要求，苗木种类选择同雨水控制利用设施之间的关系（7.2.3）。

（7）建筑物及构筑物涉及 6 条，8.3 驳岸 3 条（8.3.1，

8.3.2，8.3.3）；8.5 挡土墙 2 条（8.5.3，8.5.6）；8.6 游戏健身设施 1 条（8.6.9）

（8）给排水涉及 13 条，9.1 给水 6 条（9.1.2，9.1.3，9.1.7，9.1.8，9.1.9，9.1.12）；9.2 排水 7 条（9.2.1，9.2.2，9.2.3，9.2.4，9.2.5，9.2.6，9.2.8）。

（9）电气设计涉及 1 条，10.4 设备安装及线路敷设中有关室外配电箱设置的条款（10.4.4）。

9.2 主要修订条款（全文修订）

1 总 则

【原条文】

1.0.1 为全面地发挥公园的游憩功能和改善环境的作用，确保设计质量，制定本规范。

【修改条文】

1.0.1 为全面发挥公园的游憩功能、生态功能、景观功能、文化传承功能、科普教育功能、应急避险功能及其经济、社会、环境效益，确保公园设计质量，制定本规范。

【原条文】

1.0.2 本规范适用于全国新建、扩建、改建和修复的各类公园设计。居住用地、公共设施用地和特殊用地中的附属绿地设计可参照执行。

【修改条文】

1.0.2 本规范适用于城乡各类公园的新建、扩建、改建和修复的设计。

【删除条文】

1.0.3 公园设计应在批准的城市总体规划和绿地系统规划的基础上进行。应正确处理公园与城市建设之间，公园的社会效益、环境效益与经济效益之间以及近期建设与远期建设之间的关系。

【原条文】

1.0.4 公园内各种建筑物、构筑物和市政设施等设计除执行本规范外，尚应符合现行有关标准的规定。

【修改条文】

1.0.3 公园设计除应符合本规范外，尚应符合国家现行有关标准的规定。

2 术 语

【新增条文】

2.0.5 水体 water area

公园内 河、湖、池、塘、水库、湿地等天然水域和人工水景的统称。

【新增条文】

2.0.7 雨水控制利用 rainwater utilization facilities

对雨水进行强化入渗、收集回用、降低径流污染、调蓄排放处理措施的总称。

【条文说明】

2.0.7 雨水控制利用是水资源可持续利用的重点。随着目前水资源的日趋紧缺，通过雨水入渗利用回补地下水、收集利用节约水资源以及雨水调蓄利用减少洪涝等雨水控制利用的措施，可以实现降低洪涝灾害、结合景观起到改善环境的作用。

【新增条文】

2.0.8 竖向控制 vertical planning

对公园内建设场地地形、各种设施、植物等的控制性高程的统筹安排以及与公园外高程的相互协调。

【条文说明】

2.0.8 对公园地形、道路铺装、建筑、水体、排水设施等控制标

高进行统筹，以满足景观塑造、游览、管理、排水组织等功能
要求。

3 基 本 规 定

3.1 一 般 规 定

【新增条文】

3.1.6 公园的雨水控制利用目标，包括径流总量控制率、超标雨
水径流调蓄容量、雨水利用比例等，应根据上位规划结合公园的
功能定位、地形和土质条件而确定。

【条文说明】

3.1.6 绿地具有渗蓄雨水的天然优势，对有效缓解城市内涝，
削减城市径流负荷，保护和改善城市生态环境起到重要作用。公
园在设计时，应根据区域的径流总量控制目标和上位规划对公园
确定的分解指标及功能要求，并结合公园的景观要求和自然条
件，确定公园的雨水控制利用目标，以指导具体的专项设计。作
为应急避险功能的公园，要考虑承担调蓄雨洪功能时避灾场地的
安全性。历史名园应在遗产保护的基础上综合考虑雨水的控制
利用。

3.3 用 地 比 例

【新增条文】

3.3.3 公园内用地面积计算应符合下列规定：

　　1 河、湖、水池等应以常水位线范围计算水体面积，潜流湿
地面积应计入水体面积；

【条文说明】

3.3.3 本条规定了六点内容，其中：

　　1 公园的河、湖、池、塘等水景，一般采用缓坡斜驳岸，水
面面积随水位的变化而变化，为方便统计，规定以设计常水位线
为依据计算水面面积。

3.4 容量计算

【原条文】

3.1.2 公园游人容量应按下式计算：

$$C = A/A_{m} \qquad\qquad (3.1.2)$$

式中　C——公园游人容量（人）；

　　　A——公园总面积（m^2）；

　　　A_{m}——公园游人人均占有面积（m^2/人）。

【修改条文】

3.4.2 公园游人容量应按下式计算：

$$C = (A_1/A_{m1}) + C_1 \qquad\qquad (3.4.2)$$

式中：C——公园游人容量（人）；

　　　A_1——公园陆地面积（m^2）；

　　　A_{m1}——人均占有公园陆地面积（m^2/人）；

　　　C_1——公园开展水上活动的水域游人容量（人）。

【条文说明】

3.4.2 游人容量估算法是根据公园陆地总面积和开展水域空间游览总面积估算游人容量。

3.5 设施的设置

【新增条文】

3.5.1 公园设施项目的设置，应符合表3.5.1的规定。

表3.5.1 公园设施项目的设置

设施类型	设施项目	陆地面积 A_1（hm^2）					
		$A_1 < 2$	$2 \leqslant A_1$ < 5	$5 \leqslant A_1$ < 10	$10 \leqslant A_1$ < 20	$20 \leqslant A_1$ < 50	$50 \leqslant A_1$ < 100	A_1 $\geqslant 100$
游憩设施 （非建筑类）	棚架	○	●	●	●	●	●	●
	休息座椅	●	●	●	●	●	●	●
	游戏健身器材	○	○	○	○	○	○	●
	活动场	●	●	●	●	●	●	●
	码头	—	—	—	—	—	—	—
游憩设施 （建筑类）	亭、廊、厅、榭	○	○	●	●	●	●	●
	活动馆	—	—	—	—	○	○	○
	展馆	—	—	—	—	○	○	○

续表

设施类型	设施项目	陆地面积 A_1（hm²）						
		$A_1<2$	$2{\leqslant}A_1$ <5	$5{\leqslant}A_1$ <10	$10{\leqslant}A_1$ <20	$20{\leqslant}A_1$ <50	$50{\leqslant}A_1$ <100	A_1 $\geqslant100$
服务设施 （非建筑类）	停车场	—	○	○	●	●	●	●
	自行车存放处	●	●	●	●	●	●	●
	标识	●	●	●	●	●	●	●
	垃圾箱	●	●	●	●	●	●	●
	饮水器	○	○	○	○	○	○	○
	园灯	●	●	●	●	●	●	●
	公用电话	○	○	○	○	○	○	○
	宣传栏	○	○	○	○	○	○	○
服务设施 （建筑类）	游客服务中心	—	—	○	○	●	●	●
	厕所	○	●	●	●	●	●	●
	售票房	○	○	○	○	○	○	○
	餐厅		○	○	○	○	○	○
	茶座、咖啡厅		○	○	○	○	○	○
	小卖部		○	○	○	○	○	○
	医疗救助站	○	○	○	○	○	●	●
管理设施 （非建筑类）	围墙、围栏	○	○	○	○	○	○	○
	垃圾中转站	—	—	—	○	●	●	●
	绿色垃圾处理站	—	—	—	○	○	○	○
	变配电所	○	○	○	○	○	○	○
	泵房	○	○	○	○	○	○	○
	生产温室、荫棚	—	—	○	○	○	○	○
管理设施 （建筑类）	管理办公用房	○	○	○	●	●	●	●
	广播室	○	○	○	●	●	●	●
	安保监控室	○	●	●	●	●	●	●
管理设施	应急避险设施	○	○	○	○	○	○	○
	雨水控制利用设施	●	●	●	●	●	●	●

注："●"表示应设；"○"表示可设；"—"表示不需要设置。

【条文说明】

3.5.1

"雨水控制利用设施"包括下沉式绿地、植被浅沟、初期雨水弃流设施、生物滞留设施、渗井、渗透塘、调节塘等。设施设置是为了更有效地利用雨水资源，减轻城市洪涝灾害，改善城市生态环境。雨水控制利用设施已成为公园设计不可缺少的一部分。

4 总 体 设 计

4.1 现 状 处 理

【新增条文】

4.1.3 公园用地不应存在污染隐患。在可能存在污染的基址上建设公园时，应根据环境影响评估结果，采取安全、适宜的消除污染技术措施。

【条文说明】

4.1.3 公园用地应该是安全无污染的。在城市建设用地日益紧张的现实条件下，当前不少公园是建在生态恢复绿地之上，有些公园的建设基址曾经是城市的垃圾填埋场、废弃的矿坑或其他工业废弃地等。这类用地的土壤、地下水可能存在不同程度的污染情况，作为向公众开放的游憩地，必须考虑建成后的使用安全和公众的健康安全。因此，公园进行设计之前，此类用地应该已进行环境影响评估并确认适宜向公众开放。

【新增条文】

4.1.5 公园设计不应填埋或侵占原有湿地、河湖水系、滞洪或洪泛区及行洪通道。

【条文说明】

4.1.5 从行洪安全角度出发，蓄滞洪区、洪泛区及行洪通道内不宜建设影响排洪的设施，但可利用其地势低、便于集水的优势建设雨水控制利用设施。公园用地内原有湿地、河湖水系也应避免被侵占、填埋，防止破坏生态平衡。

4.2 总 体 布 局

Ⅲ 地形布局

【新增条文】

4.2.5 地形布局应在满足景观塑造、空间组织、雨水控制利用等各项功能要求的条件下,合理确定场地的起伏变化、水系的功能和形态,并宜园内平衡土方。

【条文说明】

4.2.5 总体设计阶段应根据景观和空间需要,确定地形的起伏变化。公园地形塑造而产生的土石方和防护工程,对建设工程投资和工期影响较大,大面积地堆造大型土山会影响场地地下的土体结构。地形的塑造对雨水的控制利用系统设计也会产生很大的影响。因此,要求通过精心设计,既满足各项工程建设的需要,又使上述工程的工程量适度。公园设计应充分利用和合理改造地形,尽量减少土石方工程量,从而达到工程合理、建设与使用安全、造价经济、景观美好的效果。

【原条文】

3.2.7 河湖水系设计,应根据水源和现状地形等条件,确定园中河湖水系的水量、水位、流向;水闸或水井、泵房的位置;各类水体的形状和使用要求。游船水面应按船的类型提出水深要求和码头位置;游泳水面应划定不同水深的范围;观赏水面应确定各种水生植物的种植范围和不同的水深要求。

【修改条文】

4.2.6 水系设计应根据水源和现状地形等条件,确定各类水体的形状和使用要求。使用要求应包括下列内容:

    1 游船码头的位置和航道水深要求;

    2 水生植物种植区的种植范围和水深要求;

    3 水体的水量、水位和水流流向;

    4 水闸、进出水口、溢流口及泵房的位置。

【条文说明】

4.2.6 公园中的水系设计,首先要掌握水源条件下和可能供应的水量，然后作系统布局。针对划船水面，应给出桥下、码头和最深处等各处的不同深度的限制；游泳区要区分深水区和浅水区；观赏水面中水生植物种植区应区分出深水、浅水和浮生等习性植物的种植范围，并提出相应的水深。

4.3 竖 向 控 制

【原条文】

3.3.1 竖向控制应根据公园四周城市道路规划标高和园内主要内容，充分利用原有地形地貌，提出主要景物的高程及对其周围地形的要求，地形标高还必须适应拟保留的现状物和地表水的排放。

【修改条文】

4.3.1 竖向控制应根据公园周围城市竖向规划标高和排水规划，提出公园内地形的控制高程和主要景物的高程，并应符合下列要求：

    1 应满足景观和空间塑造的要求；

    2 应适应拟保留的现状物；

    3 应考虑地表水的汇集、调蓄利用与安全排放；

    4 应保证重要建筑物、动物笼舍、配电设施、游人集中场所等不被水淹，并便于安全管理。

【条文说明】

4.3.1 竖向控制是总体设计阶段至关重要的内容，所以在对园内主要景物布局的同时应对其高程和周围地形作出控制规定，对全园排水统一考虑。合理的竖向设计可有效组织公园内雨水排放，并有利于消纳滞留周边城市用地的雨水径流，也是营建多样生境的重要手段。

【原条文】

3.3.2 竖向控制应包括下列内容：山顶；最高水位、常水位、最低水位；水底；驳岸顶部；园路主要转折点、交叉点和变坡点；主要建筑的底层和室外地坪；各出入口内、外地面；地下工程管线及地下构筑物的埋深；园内外佳景的相互因借观赏点的地面高程。

【修改条文】

4.3.2 竖向控制应对下列内容作出规定：

1 山顶或坡顶、坡底标高；

2 主要挡土墙标高；

3 最高水位、常水位、最低水位标高；

4 水底、驳岸顶部标高；

5 园路主要转折点、交叉点和变坡点标高，桥面标高；

6 公园各出入口内、外地面标高；

7 主要建筑的屋顶、室内和室外地坪标高；

8 地下工程管线及地下构筑物的埋深；

9 重要景观点的地面标高。

【条文说明】

4.3.2 总体设计所定标高是下一步局部或专项设计的依据。

5 地 形 设 计

5.1 高程和坡度设计

【原条文】

4.1.1 地形设计应以总体设计所确定的各控制点的高程为依据。

【修改条文】

5.1.1 地形高程设计应以总体设计所确定的各控制点的高程为依据。

【新增条文】

5.1.2 绿化用地宜做微地形起伏，应有利于雨水收集，以增加雨水的滞蓄和渗透。

【条文说明】

5.1.2 地表渗透雨水是绿地雨水利用的最节约的方式。在不影响绿地使用功能和配置适宜植物的前提下，地形设计时应考虑为雨水入渗创造条件，但同时也要考虑土壤的性质，如自重湿陷性黄土区域不应设计雨水入渗系统。

【原条文】

4.1.6 改造的地形坡度超过土壤的自然安息角时，应采取护坡、固土或防冲刷的工程措施。

【修改条文】

5.1.3 公园地形应按照自然安息角设计坡度，当超过土壤的自然安息角时，应采取护坡、固土或防冲刷的措施。

【条文说明】

5.1.3 如果堆土超过土壤的自然安息角将出现自然滑坡，有可能造成人员伤亡。不同土壤有不同的自然安息角。护坡的措施有砌筑土墙、种植地被植物或堆叠自然山石等。

【原条文】

4.2.1 创造地形应同时考虑园林景观和地表水的排放，各类地表的排水坡度宜符合表 4.2.1 的规定。

表 4.2.1 各类地表的排水坡度（%）

地表类型		最大坡度	最小坡度	最适坡度
草地		33	1.0	1.5～10
运动草地		2	0.5	1
栽植地表		视土质而定	0.5	3～5
铺装场地	平原地区	1	0.3	—
	丘陵山区	3	0.3	—

【修改条文】

5.1.4 构筑地形应同时考虑园林景观和地表水排放，各类地表排水坡度宜符合表 5.1.4 的规定。

表 5.1.4 各类地表排水坡度（%）

地表类型	最小坡度
草地	1.0
运动草地	0.5
栽植地表	0.5
铺装场地	0.3

【条文说明】

5.1.4 表 5.1.4 中关于草地、运动草地、栽植地表资料引自《园林工程》（南京林业大学编）和《景观设计师便携手册》〔（美）丹尼斯等著，2002〕。铺装场地坡度数值则是引自《城市道路工程设计规范》CJJ 37—2012。

5.3 水 体 外 缘

【原条文】

4.3.1 水工建筑物、构筑物应符合下列规定：

一、水体的进水口、排水口和溢水口及闸门标高，应保证适宜的水位和泄洪、清淤的需要；

二、下游标高较高至使排水不畅时，应提出解决的措施；

三、非观赏型水工设施应结合造景采取隐蔽措施。

【修改条文】

5.3.1 水体的进水口、排水口、溢水口及闸门的标高，应保证适宜的水位，并满足调蓄雨水和泄洪、清淤的需要。

【原条文】

4.3.4 护岸顶与常水位的高差，应兼顾景观、安全、游人近水心理和防止岸体冲刷。

【修改条文】

5.3.2 水体驳岸顶与常水位的高差以及驳岸的坡度，应兼顾景观、安全、游人亲水心理等因素，并应避免岸体冲刷。

【条文说明】

5.3.2 人工水体驳岸顶与常水位高差不宜太大，应创造宜人、安全的尺度以及优美的景观。如果防护高差过大，驳岸可以采用退台的形式。

【新增条文】

5.3.5 以雨水作为补给水的水体，在滨水区应设置水质净化及消能设施，防止径流冲刷和污染。

【条文说明】

5.3.5 雨水汇入水体时，可能会带着大量的泥沙或冲蚀驳岸。因此在雨水进入水体前应设沉泥池，以净化水质并起消能的作用。

6 园路及铺装场地

6.1 园 路

【新增条文】

6.1.6 园路横坡以1.0%～2.0%为宜，最大不应超过4.0%。降雨量大的地区，宜采用1.5%～2.0%。积雪或冰冻地区园路、透水路面横坡以1.0%～1.5%为宜。纵、横坡坡度不应同时为零。

【条文说明】

6.1.6 横坡数值参考《城市道路工程设计规范》CJJ 37—2012。同时考虑到公园的道路会有一些特殊的情况，因此也参考了《景观设计师便携手册》[（美）丹尼斯等著，2002]，提出园路最大横坡为4%。

【新增条文】

6.1.11 园路的路基设计应根据使用功能提出填料选择、压实系数、强度要求、边坡要求等，还应考虑路基排水、路基防护等内容。遇软弱及特殊路基，应作特殊处理。

6.2 铺 装 场 地

【原条文】

6.1.5 铺装场地内的树木其成年期的根系伸展范围，应采用透气性铺装。

【修改条文】

6.2.4 铺装场地内树木成年期根系伸展范围内的地面，应采用透水、透气性铺装。

【新增条文】

6.2.5 人行道、广场、停车场及车流量较少的道路宜采用透水铺装，铺装材料应保证其透水性、抗变形及承压能力。

7 种 植 设 计

7.1 植 物 配 置

【新增条文】

7.1.7 植物与地下管线之间的安全距离应符合下列规定：

1 植物与地下管线的最小水平距离应符合表 7.1.7-1 的规定；

表 7.1.7-1 植物与地下管线最小水平距离 (m)

名　　称	新植乔木	现状乔木	灌木或绿篱
电力电缆	1.5	3.5	0.5
通信电缆	1.5	3.5	0.5
给水管	1.5	2.0	—
排水管	1.5	3.0	—
排水盲沟	1.0	3.0	—
消防龙头	1.2	2.0	1.2
煤气管道(低中压)	1.2	3.0	1.0
热力管	2.0	5.0	2.0

注：乔木与地下管线的距离是指乔木树干基部的外缘与管线外缘的净距离。灌木或绿篱与地下管线的距离是指地表处分蘖枝干中最外的枝干基部外缘与管线外缘的净距离。

② 植物与地下管线的最小垂直距离应符合表 7.1.7-2 的规定。

表 7.1.7-2 植物与地下管线最小垂直距离 (m)

名称	新植乔木	现状乔木	灌木或绿篱
各类市政管线	1.5	3.0	1.5

【条文说明】

7.1.7 植物与地下管线最小水平距离采用《公园设计规范》CJJ 48—92 附录二的数据。

7.2 苗 木 控 制

【原条文】

6.1.3 植物种类的选择，应符合下列规定：

一、适应栽植地段立地条件的当地适生种类；

二、林下植物应具有耐阴性，其根系发展不得影响乔木根系的生长；

三、垂直绿化的攀缘植物依照墙体附着情况确定；

四、具有相应抗性的种类；

五、适应栽植地养护管理条件；

六、改善栽植地条件后可以正常生长的、具有特殊意义的种类。

【修改条文】

7.2.3 苗木种类的选择应考虑栽植场地的特点，并符合下列规定：

    1 游憩场地及停车场不宜选用有浆果或分泌物坠地的植物；

    2 林下的植物应具有耐阴性，其根系不应影响主体乔木根系的生长；

    3 攀缘植物种类应根据墙体等附着物情况确定；

    4 树池种植宜选深根性植物；

    5 有雨水滞蓄净化功能的绿地，应根据雨水滞留时间，选择耐短期水淹的植物或者湿生、水生植物；

    6 滨水区应根据水流速度、水体深度、水体水质控制目标确定植物种类。

【条文说明】

7.2.3 公园内设计环境的差别对植物的选择也会产生影响，本条规定了六点，其中：

    5 雨水滞留区域的种植主要是发挥其对雨水径流净化、涵养等功能。对植物的要求更需要其具有很强的适应能力，能经受短时间雨水的浸泡、地下水位的变化、缺少雨水季节的干旱状况等。根据规划雨水滞留区域的特点选择不同的旱生、湿生或水生植物，利于植物生长并充分发挥其功能。

8 建筑物、构筑物设计

8.3 驳 岸

【新增条文】

8.3.1 公园内水体外缘宜建造生态驳岸。

【原条文】

7.2.2 素土驳岸

一、岸顶至水底坡度小于 100％者应采用植被覆盖；坡度大于 100％者应有固土和防冲刷的技术措施；

二、地表径流的排放及驳岸水下部分处理应符合有关标准的规定。

【修改条文】

8.3.3 素土驳岸应符合下列规定：

　　1 岸顶至水底坡度小于 45°时应采用植被覆盖；坡度大于 45°时应有固土和防冲刷的技术措施；

　　2 地表径流的排放口应采取工程措施防止径流冲刷。

【条文说明】

8.3.3 一般土筑的驳岸坡度超过 45°时，为了保持稳定，可以用各种形状的预制混凝土块、料石和天然山石铺漫，铺漫的形式可以有各种花纹，也可以留出种植孔穴，种植各类花草。坡度在 45°以下时，可以用草皮或各种藤蔓类植物覆盖。

　　驳岸顶部一般都较附近稍高，使地表水向河湖的反方向排水，然后集中排入河内。排水设施有的用水簸箕有的用管沟，这主要是防止对驳岸的冲刷。如果地表水需要进行防污、防沙处理则不在此例。

8.5 挡 土 墙

【新增条文】

8.5.3 挡土墙后填料表面应设置排水良好的地表排水措施，墙体应设置排水孔，排水孔的直径不应小于 50mm，孔眼间距不宜大于 3.0m。

【条文说明】

8.5.3 为保证挡土墙后填料的排水，避免墙后填料含水饱和增加挡土墙的荷载，设计挡土墙时应考虑排水措施。良好的地表排水措施可截引地表水，墙身设置排水孔可排除墙后填料中的积水，排水孔的孔径大小与设置间距应依据填料的孔隙度确定。

【新增条文】

8.5.6 当挡土墙上方布置有水池等可能造成渗水的设施时，挡土墙的排水措施应加强。

【条文说明】

8.5.6 当挡土墙上方布置有水池等可能造成渗水的设施时，这些设施一旦发生渗漏，渗水会对挡土墙的结构造成破坏，故应加强挡土墙的排水措施。

8.6　游戏健身设施

【新增条文】

8.6.9 游戏沙坑选用沙材应安全、卫生，沙坑内不应积水。

9　给水排水设计

9.1　给　　水

【新增条文】

9.1.2 给水系统应采用节水型器具，并配置必要的计量设备。

【条文说明】

9.1.2 可参照《用水单位水计量器具配备和管理通则》GB 24789—2009 中的三级计量要求，对公园内部给水管网进行用水计量设备配置。

按照节水的要求，应在公园内部普及节水型用水器具，如埋地节水型喷头、红外感应水嘴、小便器，4.5L/6L 坐便器或延时自闭冲洗阀等。静水压大于 0.35MPa 的入室管或配水横管，宜设减压或调压设施。减压部分引自《建筑给水排水设计规范》GB 50015—2003（2009 年版）第 3.3.4 条。

灌溉养护应采取节水措施，宜采用传感器等自动控制其启停。

【新增条文】

9.1.3 灌溉水源水质应符合下列规定：

1 当以河湖、水库、池塘、雨水等天然水作为灌溉水源时，水质应符合现行国家标准《农业灌溉水质标准》GB 5084 的有关规定；

2 利用再生水作为灌溉水源时，水质应符合现行国家标准《城市污水再生利用 绿地灌溉水质》GB/T 25499 的有关规定。

【条文说明】

9.1.3 在使用再生水灌溉时，应谨慎处理。由于其成分的复杂性（酸碱度及重金属元素等），长期使用可能会对植物生长产生危害；盐量的积累会使土壤板结，透气性差，肥力下降，引起植物水分亏缺；水中的微量有机物会污染地下水及生态环境等负面影响。应严格控制再生水对植物土壤系统存在危害的成分指标，并对长期灌溉区域进行定期监测。

【新增条文】

9.1.7 人工水体和喷泉水景水源宜优先采用天然河湖、雨水、再生水等作为水源，并应采取有效的水质控制措施。

【条文说明】

9.1.7 为实现水资源优化配置，节约用水，保护环境，新建人工水体和喷泉水景应充分利用满足水质标准的天然水体、雨水、工业循环水、再生水等水源。

【新增条文】

9.1.8 人工水体和喷泉水景的水源水质应符合下列规定：

1 人体非全身性接触的娱乐性景观用水水质，不应低于现行国家标准《地表水环境质量标准》GB 3838 中规定的Ⅲ类标准；

2 人体非直接接触的观赏性景观用水水质，不应低于现行国家标准《地表水环境质量标准》GB 3838 中规定的Ⅳ类标准；

3 高压人工造雾系统水源及出水水质，应符合现行国家标准《生活饮用水卫生标准》GB 5749 的要求；

4 游人可接触的喷泉初次充水和使用过程中补充水水质应满足现行国家标准《生活饮用水卫生标准》GB 5749 的要求；

5 采用再生水作为水源时，其水质应符合现行国家标准《城市污水再生利用　景观环境用水水质》GB/T 18921 的有关规定。

【新增条文】

9.1.9 人工水体和喷泉水景的水应循环重复利用。

【新增条文】

9.1.12 消防用水宜由城市给水管网、天然水源或消防水池供给。无结冰期及无市政条件地区，消防水源可选取景观水体。利用天然水源时，其保证率不应低于 97％，且应设置可靠的取水设施。

9.2　排　水

【新增条文】

9.2.1 新建公园排水系统应采用雨污分流制排水。

【条文说明】

9.2.1 新建公园排水制度与新建小区采用统一标准，生活排水系统与雨水排水系统分成两个排水系统。

【新增条文】

9.2.2 排水设施的设计应考虑景观效果，并与公园景观相结合。

【新增条文】

9.2.3 公园建设后，不应增加用地范围内现状雨水径流量和外排雨水总量，并应优先采用植被浅沟、下沉式绿地、雨水塘等地表生态设施，在充分渗透、滞蓄雨水的基础上，减少外排雨水量，实现方案确定的径流总量控制率。

【条文说明】

9.2.3 公园建设因建筑屋面和地面铺装等造成的地面硬化改变了原地面的水文特性，可能造成雨水径流量增加。设计应采取措施消纳雨水径流，在不增加的基础上进一步减少外排雨水量。

【新增条文】

9.2.4 当公园用地外围有较大汇水汇入或穿越公园用地时，宜设计调蓄设施、超标径流排放通道，组织用地外围的地面雨水的调蓄和排除。

【条文说明】

9.2.4 当公园消纳外围汇水时，必须控制外围汇水的汇入、调蓄和排放，保证公园和游人的安全。

【新增条文】

9.2.5 截水沟及雨水疏导设施的设置及规模，应根据汇水面积、土壤质地、山体坡度，经过水文计算进行设计。

【条文说明】

9.2.5 山体径流的合理疏排能防止山体土壤的大面积冲蚀，应根据汇水面积、土壤质地、山体坡度，经过水文计算，安排截水沟及雨水疏导设施。

【新增条文】

9.2.6 公园门区、游人集中场所、重要景观点和主要道路，应做有组织排水。

【条文说明】

9.2.6 保证重要景观节点的排水顺畅和游人安全。

【新增条文】

9.2.8 生活污水的排放应符合下列规定：

　　1 不应直接地表排放、排入河湖水体或渗入地下；

　　2 生活污水经化粪池处理后排入城市污水系统，水质应符合现行行业标准《污水排入城镇下水道水质标准》GB/T 31962 的有关规定；

　　3 当公园外围无市政管网时，应自建污水处理设施，并应达标排放。

10 电 气 设 计

10.4 设备安装及线路敷设

【新增条文】

10.4.4 公园内的室外配电箱应选用防雨型并加锁，配电箱不宜设在低洼易积水处，箱底距地不宜小于 200mm，并应设在非游览地段。

【条文说明】

10.4.1～10.4.5 针对园区内照明装置的施工提出要求，满足运行安全。

10　绿化种植土壤 CJ/T 340

本标准起草单位：上海市园林科学规划研究院

上海市绿化和市容（林业）工程管理站

北京市园林科学研究院

广州市林业和园林科学研究院

本标准主要起草人：方海兰　徐　忠　张　浪　朱振清

王艳春　郝冠军　伍海兵　周建强

陈　动　周艺烽　梁　晶　王若男

朱　丽　阮　琳

10.1　修订说明

本标准按照 GB/T1.1—2009 给出的规则起草。

本标准代替 CJ/T 340—2011《绿化种植土壤》。

本标准是对 CJ/T 340—2011《绿化种植土壤》的修订，与 CJ/T 340—2011 相比主要技术变化如下：

——增加了土壤质量的通用要求；

——增加了土壤质量的肥力要求；

——增加了土壤质量的入渗要求；

——增加了土壤障碍因子的技术要求；

——增加了土壤肥力的判定规则；

——增加了土壤入渗的判定规则；

——增加了土壤障碍因子的判定规则；

——增加了土壤其他污染的判定规则；

——增加了土壤改良修复和质量维护；

——增加了根据植物根系分布进行土壤采样的方法；

——补充了土壤重金属之外的潜在污染控制要求；

——补充了土壤的检测方法；

——修改了有效土层厚度的基本要求；

——修改了土壤消毒的基本要求；

——修改了土壤的环境质量技术要求；

——修改了土壤的检测方法；

——修改了土壤检测机构的要求；

——修改了土壤判定规则；

——修改了土壤取样员和见证员的要求；

——修改了土壤采样密度的要求。

本标准由住房和城乡建设部标准定额研究所提出。

本标准由住房和城乡建设部风景园林标准化技术委员会归口。

本标准所代替标准的历次版本发布情况为：

——CJ/T 340—2011

10.2 主要修订条款（局部修订）

1 范　　围

【原条文】

本标准规定了绿化种植土壤的术语和定义、质量要求、取样送样及检测方法和检验规则。

本标准适用于一般绿化种植或养护用的土壤。

【修改条文】

本标准规定了绿化种植土壤的术语和定义、要求、取样送样及检测方法、检验规则、改良修复和质量维护。

本标准适用于一般绿化种植土壤或绿化养护用土壤。

3 术语和定义

【原条文】

3.1

绿化种植土壤 planting soil for greening

用于种植花卉、草坪、地被、灌木、乔木等植物的绿化用土土壤，为自然土壤或人工配制土壤。

【修改条文】

3.1

绿化种植土壤　planting soil for greening

用于种植花卉、草坪、地被、灌木、乔木、藤本等植物所使用的自然土壤或人工配制土壤。

> 注：检测方法组要分质量法和电导法，质量法单位为克每千克（g/kg）；电导法直接用电导率即 EC 值表示，单位为毫西门子每厘米（mS/cm）。

【新增条文】

3.10

土壤入渗（渗透）率　soil infiltration rate

土壤水饱和或近饱和条件下单位时间内通过土壤截面向下渗漏的水量，又称土壤渗透速率。用饱和导水率（K_{fs}）来表示，单位为毫米每小时（mm/h）。

【新增条文】

3.19

田间持水量　field capacity

田间条件下重力水排除后土壤保持的最大含水量，单位为克每千克（g/kg）。

【新增条文】

3.20

稳定凋萎含水量　permanent wilting water content

植物发生永久凋萎并不能复原时的土壤含水量，单位为克每千克（g/kg）。

【新增条文】

3.22

绿化用有机基质　greening organic media

以城乡有机废弃物为主要原料，可少量添加自然生成或人工固体物质，具有固定植物、保水保肥、透气良好、性质稳定、无毒性、质地轻、离子交换量高、有适宜的碳氮比、pH 易于调节，适合绿化植物生长的固体物质。

注：按不同绿化用途分改良基质、扦插或育苗用基质以及栽培基质 3 种类型。

【新增条文】

3.23

  有机覆盖物　organic mulch

  以各种有机生物体为原料直接铺设或经初步加工后铺设于土表，具有调温、保水、增肥、防草、滞沉、防止土壤板结及美化等功能的均匀片状、条状、碎块或颗粒物质。

4　要　求

4.1　一般要求

【原条文】

4.1.2 绿化种植土壤有效土层应满足表 1 的厚度要求。

表 1　绿化种植土壤有效土层厚度的要求

植被类型			土层厚度/cm
一般种植	乔木	直径≥20cm	≥180
		直径＜20cm	≥150(深根)、≥100(浅根)
	灌木	高度≥50cm	≥60
		高度＜50cm	≥45
	花卉、草坪、地被		≥30
屋顶绿化	乔木		≥80
	灌木	高度≥50cm	≥50
		高度＜50cm	≥30
	花卉、草坪、地被		≥15

【修改条文】

4.1.2 绿化种植土壤有效土层应符合 CJJ 82—2012 中表 4.1.1 规定的相关土层厚度要求。

4.2 技 术 指 标

【新增条文】

4.2.1 通用要求

用于一般绿化种植的土壤应满足表 1 中 pH、含盐量、有机质、质地和入渗率 5 项主控指标的规定。

表 1 绿化种植土壤主控指标的技术要求

	主 控 指 标		技 术 要 求
1	pH	一般植物 — 2.5:1水土比	5.0～8.3
		一般植物 — 水饱和浸提	5.0～8.0
		特殊要求	特殊植物或种植所需并在设计中说明
2	含盐量	EC 值/(mS/cm)(适用于一般绿化) — 5:1水土比	0.15～0.9
		EC 值/(mS/cm)(适用于一般绿化) — 水饱和浸提	0.30～3.0
		质量法/(g/kg)(适用于盐碱土) — 基本种植	≤1.0
		质量法/(g/kg)(适用于盐碱土) — 盐碱地耐盐植物种植	≤1.5
3	有机质/(g/kg)		12～80
4	质地		壤土类(部分植物可用砂土类)
5	入渗率/(mm/h)		≥5

【新增条文】

4.2.2 土壤肥力相关要求

生物滞留池种植土层或植物园、公园、花坛等对绿化景观质量要求较高的绿化种植土壤，除符合表 1 中 pH、含盐量、质地和入渗率 4 项主控指标外；阳离子交换量和有机质应满足表 2 的规定；其他养分指标宜根据实际情况满足表 2 中水解性氮、有效磷、速效钾、有效硫、有效镁、有效钙、有效铁、有效锰、有效铜、有效锌、有效钼和可溶性氯 12 项指标中的部分或全部指标。

表 2 绿化种植土壤肥力的技术要求

	养分控制指标	技术要求
1	阳离子交换量（CEC)/[cmol(+)/kg]	≥10
2	有机质/(g/kg)	20～80
3	水解性氮(N)/(mg/kg)	40～200
4	有效磷(P)/(mg/kg)	5～60
5	速效钾(K)/(mg/kg)	60～300
6	有效硫(S)/(mg/kg)	20～500
7	有效镁(Mg)/(mg/kg)	50～280
8	有效钙(Ca)/(mg/kg)	200～500
9	有效铁(Fe)/(mg/kg)	4～350
10	有效锰(Mn)/(mg/kg)	0.6～25
11	有效铜[a](Cu)/(mg/kg)	0.3～8
12	有效锌[a](Zn)/(mg/kg)	1～10
13	有效钼(Mo)/(mg/kg)	0.04～2
14	可溶性氯[b](Cl)/(mg/L)	＞10

[a]铜、锌若作为重金属污染控制指标,对应的指标要求见表 4。

[b]水饱和浸提,若可溶性氯作为盐害指标,对应的指标要求见表 3。

【新增条文】

4.2.3　土壤入渗要求

用于一般绿化种植，其表层土壤入渗率（0～20cm）应达到表 1 中不小于 5mm/h 的规定；若绿地用于雨水调蓄或净化，其土壤入渗率应在 10mm/h～360mm/h 之间。

【新增条文】

4.2.4　土壤障碍因子

绿化种植土壤存在某种潜在障碍因子时，该障碍因子应符合表 3 的规定：

　　a）当种植土壤存在压实时，其土壤密度和非毛管孔隙度应符合表3的规定；

　　b）当种植土壤石块含量多时，其石砾含量应符合表3的规定；

　　c）当种植土壤存在水分障碍时，其入渗率应满足4.2.3的技术要求，含水量应符合表3的规定；

　　d）当种植土壤下有构筑物时，其密度、最大湿密度应符合表3的规定；

　　e）当种植土壤存在潜在毒害时，其发芽指数应符合表3的规定；

　　f）当种植土壤存在盐害时，其可溶性氯、交换性钠和钠吸附比应符合表3的规定；

　　g）当种植土壤存在硼害时，其可溶性硼应符合表3的规定。

表3　绿化种植土壤潜在障碍因子的技术要求

潜在障碍因子控制指标			技术要求
压实	密度/（Mg/m³）（有地下构筑物或特殊设计要求的除外）		<1.35
	非毛管孔隙度（%）		5~25
石砾含量（除排水或通气等特殊要求）	总含量（粒径≥2mm）（质量百分比，%）		≤20
	不同粒径	草坪（粒径）/mm	最大粒径≤20
		其他/mm	最大粒径≤30
水分障碍	含水量/（g/kg）		在稳定凋萎含水量和田间持水量之间
种植土壤下构筑物承重	密度/（Mg/m³）		≤0.5
	最大湿密度/（Mg/m³）		≤0.8
潜在毒害	发芽指数（GI）/（%）		>80
盐害	可溶性氯[a]（Cl）/（mg/L）		<180
	交换性钠（Na）/（mg/kg）		<120
	钠吸附比[a]（SAR）		<3
硼害	可溶性硼[a]（B）/（mg/L）		<1
[a] 水饱和浸提。			

【新增条文】

4.2.5 土壤环境质量要求

4.2.5.1 根据绿地与人群接触的密切程度，应采用不同含量的重金属控制指标。具体规定如下：

a) 水源涵养林等属于自然保育的绿（林）地，其重金属含量应在表 4 中 I 级范围内；

b) 植物园、公园、学校、居住区等与人接触较密切的绿（林）地，其重金属含量应在表 4 中 II 级范围内；

c) 道路绿化带、工厂附属绿地等有潜在污染源的绿（林）地或防护林等与人接触较少的绿（林）地，其重金属含量应在表 4 中 III 级范围内；

d) 废弃矿地、污染土壤修复等重金属潜在污染严重或曾经受污染的绿（林）地，其重金属含量应在表 4 中 IV 级范围内。

表 4 绿化种植土壤重金属含量的技术要求

单位为毫克每千克

序号	控制项目	I 级	II 级		III 级		IV 级	
			pH <6.5	pH >6.5	pH <6.5	pH >6.5	pH <6.5	pH >6.5
1	总镉≤	0.40	0.60	0.80	1.0	1.2	1.5	2
2	总汞≤	0.40	0.60	1.2	1.2	1.5	1.8	2
3	总铅≤	85	200	300	350	450	500	530
4	总铬≤	100	150	200	250	250	300	400
5	总砷≤	30	35	30	40	35	55	45
6	总镍≤	40	50	80	100	150	200	220
7	总铜≤	40	150	300	350	400	500	600
8	总锌≤	150	250	350	450	500	600	800

4.2.5.2 当绿地可能存在表 4 中 8 种重金属之外的潜在污染时，应根据 HJ／T 350—2007 的规定开展其他污染物的检测。

6 检 验 规 则

6.3 判 定 规 则

【原条文】

6.3.1 一般绿化工程

表 2 中 pH、全盐量、密度、有机质和非毛管孔隙度 5 个主控指标是必测指标，检验结果应 100％符合标准要求，若有一项指标不符合标准要求则该土壤视为不合格。

【修改条文】

6.3.1 通用要求

一般绿化种植土壤 pH、含盐量、有机质、质地和入渗率 5 个主控指标是必测指标，应 100％符合技术要求，若有一项指标不符合技术要求则该土壤视为不合格。

【新增条文】

6.3.2 土壤肥力相关要求

生物滞留池种植土层或植物园、公园、花坛等对绿化景观质量要求较高的绿化种植土壤，除 pH、含盐量、质地和入渗率符合表 1 的规定外；有机质应符合表 2 的规定；阳离子交换量、水解性氮、有效磷、速效钾、有效硫、有效镁、有效钙、有效铁、有效锰、有效铜、有效锌、有效钼和可溶性氯 13 项指标中的部分或全部至少 80％样品符合规定，未达到技术要求的检测值应控制在标准值的±20％范围内，否则，该土壤视为不合格。

【新增条文】

6.3.3 土壤入渗要求

用于雨水调蓄的绿地其土壤入渗率是必测指标，数值应在 10mm/h～360mm/h，否则视为不合格。

【新增条文】

6.3.4 土壤障碍因子

当绿化种植土壤可能存在某种潜在障碍因子时，应进行表 3 中该障碍因子的检测，且检测结果应 100％符合技术要求；若有一项指标不符合技术要求，该土壤视为不合格。

【新增条文】

6.3.5 土壤环境质量要求

6.3.5.1 重金属

根据绿地与人群接触密切程度的不同，其重金属含量应控制在表4中相应的级别范围内，若有一项指标不符合，该土壤视为不合格；但对重金属潜在污染严重或曾经受污染的绿（林）地，砷、镉、铬、铅和汞5大毒害重金属含量应控制在表4中Ⅳ级范围内，镍、铜和锌的含量可适当放宽，但最大值不应超过表4中Ⅳ级最大值的20%。

【新增条文】

6.3.5.2 其他污染控制指标

8种重金属之外的其他污染物含量应符合 HJ/T 350—2007 中的相关规定，若有一项指标不符合，该土壤视为不合格。